羊毛氈與不織布的療癒小物

圖文 麻球（Q, Ball）

⑦
②
③
④
⑦
⑤
⑥

麻球的序

記得第一次接觸到不織布，是在小學六年級，當時的縫紉技巧很不輪轉，哈哈…，還幫自己的Nana娃娃做了很多漂亮的衣裳。

到了國中，開始熱愛做不織布的娃娃，由於很容易製作，玩得非常開心，常常縫好一個可愛的小娃娃，就送給好朋友。大家彼此交換娃偶的那段青澀歲月，現在回憶起來特別的珍貴而有趣。

羊毛氈是在兩、三年前接觸到的，我對毛茸茸的小東西特別喜愛，總覺得小小的一塊不織布，充滿了神奇的溫柔、療癒的力量，給人暖乎乎的溫暖感覺。

尤其進入秋冬季，不論身上的，或是居家的，非得配上毛茸茸的物件不可！像圍巾，我就一定會幫家人織，裹著愛心牌毛織圍巾一起出門，一點都不冷了喔！^_^

你呢？有哪些毛茸茸的小物呢？

我們家的溫暖小物

1.織給自己的蕾絲圍巾

2.織給高麗菜先生的圍巾

3.小女生常背著的暖乎乎海綿寶寶包

4.織給小果醬瓶的袋子

5.手織花杯墊

6.小女生的粉紅兔兔錢包

7.高麗菜的羊毛襪子

1 暖乎乎料理&手作

2 暖暖的著物

3 温暖的生活

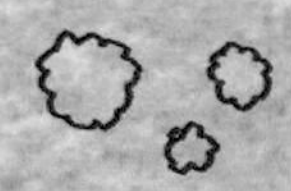

4 温暖的毛毛手作

CONTENTS

冷冷的天氣，

餐桌上也需要溫暖喔！

就在冷冷的日子，

為自己家準備一道溫暖的湯品和暖飲吧！

這樣的低溫情境裡，

總想玩些羊毛手作，讓心情也暖和；

若能用來裝飾餐桌上的美好風景，

那就更棒了！

暖乎乎料理&手作

1

×

甜玉米濃湯＋碗套收納桶。

……………

到了秋冬的季節，
就好愛喝湯，也愛在家煮湯來喝；
既要照顧手腳感受的溫度，也要溫暖一下胃。

這樣，
可以讓身體暖和起來，活力起來喔！
若問我最愛喝的湯，
我會大聲說：「玉米濃湯啦！」

但怕胖，
於是研究了卡路里比較低的玉米濃湯，呵呵…
可以品嘗愛喝的湯，卻不用擔心身材。

甜玉米濃湯

材料

玉米粒罐頭1罐
玉米醬罐頭1罐
柴魚包（柴魚片2g，約一手掌的量＋便利茶包袋1個）
雞高湯1000cc
全脂牛奶60cc
無鹽奶油10g

調味料

岩鹽1/2小匙
糖1/2大匙
黑胡椒 適量

做法

1. 雞湯煮沸後，加入罐頭玉米粒、玉米醬、柴魚包，煮至熟。
2. 加入全脂牛奶、糖、以及岩鹽，調味後，再煮沸。
3. 最後關上爐火，加入無鹽奶油拌勻，以增加香氣與濃度（可以不加，或是加一點就好）。
4. 享用時盛入碗中，再灑些黑胡椒。

碗套收納桶

材料

2000cc容量寶特瓶1個（裁剪掉瓶口後，高20cm）
白色棉麻布1片，作為瓶身碗套布，23.5 x 34.6cm（含縫份）
深咖啡色軟質不織布1片，用於碗口
栗子棕色硬質不織布1片，用於碗身
棕黃色硬質不織布1片，用於湯匙
淡黃色釦子1顆
咖啡色手縫線，縫碗
棕黃色手縫線，縫湯匙
白色手縫線，縫瓶身碗套口
米白色羊毛氈，戳在碗身
淡黃色手縫線，縫釦子
羊毛針、泡綿墊、手縫針、小剪刀

做法

1. 以平針縫將碗口、碗身及湯匙縫在白色棉麻布上，釦子縫在湯匙的圓型上，並在碗身戳入圓點圖案的羊毛氈裝飾。(參考136頁填圖法及168頁平針縫法)
2. 反面車縫瓶身碗套重疊的兩端，留1cm縫份。
3. 瓶身碗套的上下開口各內摺1cm兩次，車縫一圈。
4. 最後套入寶特瓶裝飾，就可收納小碗。

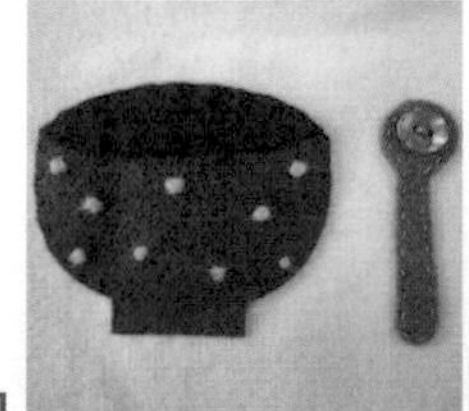
1

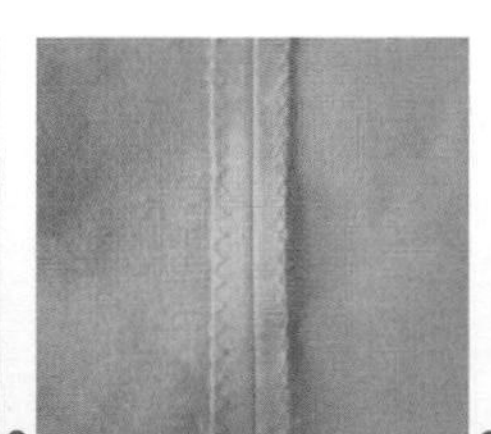
2

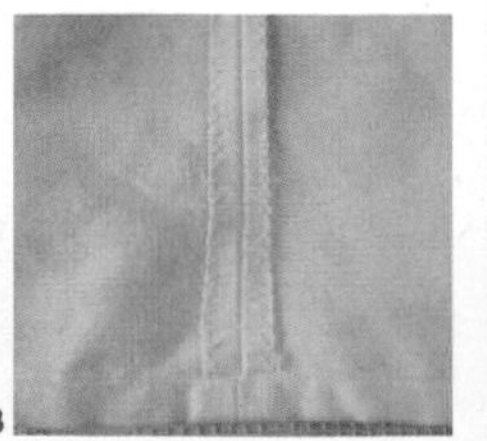
3

×

奶油南瓜湯＋聖誕樹罩套。

…………

我喜歡南瓜肉的鮮豔橘黃，
那會讓人感覺是溫暖且正面的能量喔！

有時候會買幾顆小南瓜，擺在餐桌上裝飾，
或許沒有花朵般的嬌艷，
卻有著樂活的自然風味呢！

還有，我老是會把南瓜和聖誕樹聯想在一起，
（哈！）

像是聖誕公公
駕著麋鹿的南瓜雪橇來送禮物般的想像…，
那場景好可愛啊！

Pumpkin

奶油南瓜湯

材料

南瓜500g
玉米粒罐頭150g
玉米醬罐頭200g
柴魚包（柴魚片2g，約一手掌的量+便利茶包袋1個）
雞高湯1000cc
全脂牛奶60cc
無鹽奶油10g

調味料

岩鹽1/2小匙
糖1/2大匙
黑胡椒或羅勒葉 適量

做法

1 南瓜去皮，去籽，切塊，與玉米醬一起入果汁機，加入雞湯打成泥。
2 將（1）料放入鍋中煮，加入玉米粒、柴魚包，煮至熟，煮滾後轉小火再煮20～30分鐘。
3 最後加入牛奶、糖、鹽、無鹽奶油調味。
4 享用時盛入碗中，再灑上黑胡椒或羅勒葉提味。

聖誕樹罩套

材料

綠色硬質不織布1片，用於樹罩
多種顏色的羊毛氈
綠色手縫線，縫樹罩
透明手縫線，縫羊毛球
小偶或珠珠，用於樹的頂部
羊毛針
泡綿墊
手縫針
小剪刀

做法

1 先戳好數種顏色的小羊毛球備用。（參考136頁毛球做法）
2 接著，將小羊毛球縫在不織布的樹罩上，平均分佈。
3 將樹罩的兩端重疊0.5cm後，以平針縫縫組。（參考168頁平針縫法）
4 最後放個小偶或縫上珠珠，作為聖誕樹罩頂部小開口處的裝飾。

經驗分享：
可愛的聖誕樹罩可套在牙籤盒、鹽罐上、或其他小小的瓶瓶罐罐上，作為裝飾。

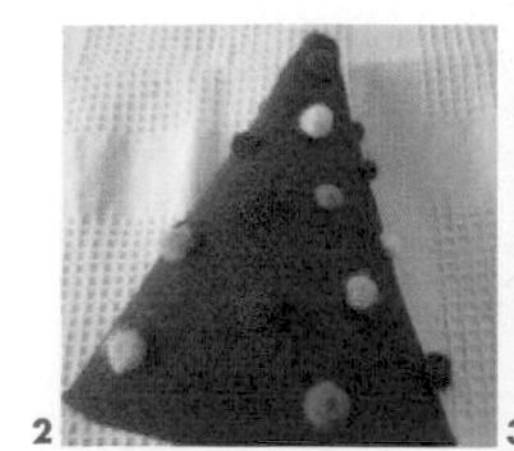
2

3

X 泡菜蔬食鍋+小白雲湯塾。

愛吃辣卻又怕被辣到的那種感覺（哈），
但韓國泡菜是看起來辣、
卻辣得剛好的那種辣，
紅咚咚的，配上脆口的白菜，
真好吃呢！

那是我常常去吃的韓式料理館，
在店裡買了一罐泡菜回家，
準備了這道很適合秋冬飲用的湯品，
讓家人暖暖身子。

泡菜蔬食鍋

材料

韓國泡菜100g，含些湯汁
菜頭500g，切3cm厚塊
玉米1條，切4～5cm厚塊
蟹棒3條
梅花豬肉片200g
貢丸6顆
蔥段適量
雞高湯1000cc

調味料

岩鹽1/2小匙
糖1/2大匙
香油數滴

做法

1 水煮沸後，放入菜頭、玉米、泡菜、貢丸，繼續小火煮約10分鐘。
2 再加入香油、糖、岩鹽調味。
3 最後放入豬肉片、蟹棒煮熟。享用時放上蔥段。

小白雲湯墊

材料

淡藍色硬質不織布2片，用於雲朵
布毛氈做的毛球數粒（參考145頁毛球做法）
手縫針
透明手縫線
羊毛針
泡綿墊
小剪刀

做法

1 剪出兩朵不織布雲朵。
2 先取一片雲朵，照著雲朵形狀縫上毛球並固定，一直到縫滿，預留邊緣0.5cm的縫份。
3 最後再將另一片雲朵疊放在（2）的完成品後面，以平針縫縫合邊緣。（參考168頁平針縫法）

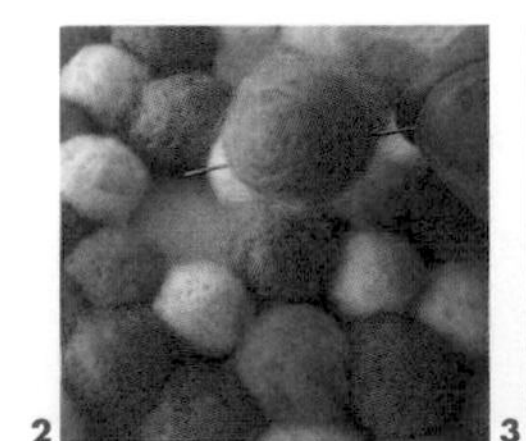
2

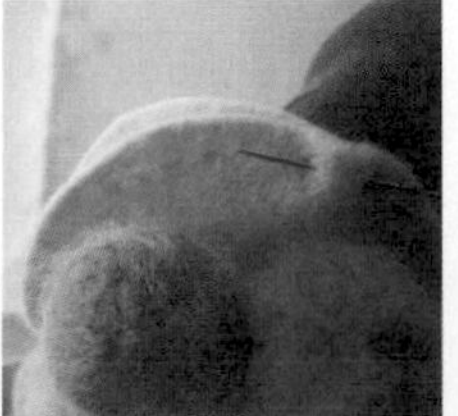
3

×

雞肉豆乳湯＋抹茶點點餐墊。

• • • • • • • • • •

小時候常常喝鹹豆漿，
而且百喝不膩。

現在，有的時候早餐也只愛這一味，
再配上一顆香噴噴的手工肉包，
一整個早晨都好有活力喔！

冬日裡，來煮一鍋雞肉豆乳湯也不錯，
滿滿一鍋都是QQ口感的雞腿肉，
還有香濃的豆乳，
以及梨山高麗菜的鮮、脆、甜，好讚！

就讓這個冬天溫暖到了極點吧！

taste it

雞肉豆乳湯

材料

帶皮去骨雞腿肉2塊280g
無糖豆漿1000cc
高麗菜200g，撕片狀
玉米1根，220g，切成小塊狀
甜不辣2片，120g，切對半共四片
杏鮑菇（或其他菇類）4朵，40g
蔥段適量

調味料

岩鹽1/2小匙
糖1/2大匙
香油數滴

做法

1. 雞腿肉放入平底鍋不加任何油，中小火煎成兩面金黃色，撈起，切成可入口的塊狀。
2. 湯鍋內放入無糖豆漿煮沸。
3. 再放入玉米、甜不辣、杏鮑菇、高麗菜、雞腿肉，並加入平底鍋內煎雞腿的雞油，煮至熟。
4. 最後放入糖、岩鹽、香油，盛碗後加入蔥段。

點點圖案的抹茶餐墊

材料

有點點圖案的抹茶色硬質不織布1片，24 x 24cm，用於餐墊前片
咖啡色軟質不織布1片，21 x 21cm，用於餐墊後片
木釦子一顆
白色羊毛氈
羊毛針
泡綿墊
抹茶色手縫線
小剪刀
手縫針

做法

1 在有點點的不織布（前片）上裝飾，以羊毛針戳入白色羊毛氈的圓點圖案，並且以空格的方式戳入，讓布表面產生層次感。（參考145頁填圖做法）
2 接著，在前片的後面放置後片，前片的縫份向後凹摺1cm後，車縫四周。
3 最後在車縫好的餐墊左下側，縫上一顆木釦裝飾。

1

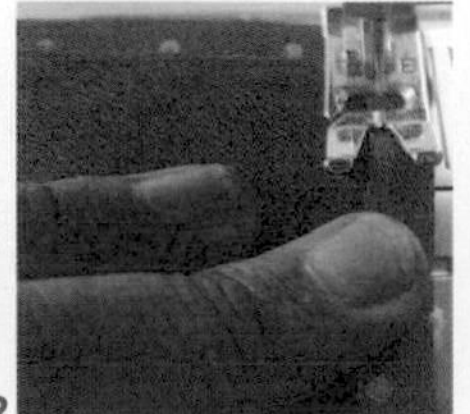
2

Candy

X 蘿蔔丸子湯+糖果碗。

冷冷的冬季來碗熱乎乎的蘿蔔丸子湯，
多棒啊！

這時候盛產的白蘿蔔，既便宜又美味，
每次都會買個兩顆回家，
重量並不輕呢！

不過，儲放起來算是方便的。

然後，在餐桌上配置一個小小的糖果碗，
就讓這個冬季充滿繽紛甜蜜的美味吧！

蘿蔔丸子湯

材料

白蘿蔔（選圓一點的）1顆、貢丸（市售）3粒
肉骨湯1400cc、香菜適量，切末
柴魚包（柴魚片2g，約一手掌的量+便利茶包袋1個）
薑片數片

調味料

岩鹽1大匙、糖5ml、白胡椒粉適量
米酒1大匙、香油數滴

做法

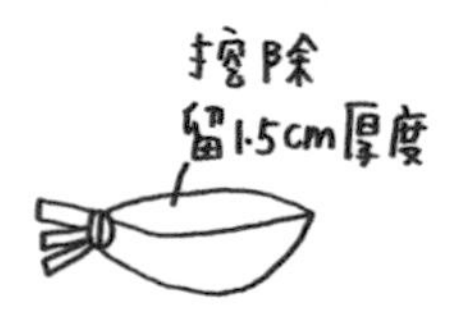

1. 蘿蔔洗乾淨，切除橫面一小片（葉梗不可切斷）。
2. 水煮沸後，放入蘿蔔煮5分鐘，關火，蓋鍋燜30分鐘後取出，用削皮器或小刀慢慢去皮。
3. 用挖球器挖蘿蔔，同時去除挖過的坑洞，平整後繼續挖球形蘿蔔，置於碗內，一直挖到周邊厚約1.5cm，挖空的中間凹洞可放湯料。
4. 不規則的蘿蔔塊則一起放入果汁機內，加冷開水200cc，打成泥狀，過濾後倒入湯鍋內，與肉骨湯一起煮沸。
5. 挖好形狀的蘿蔔碗，放入第一次煮的鍋內燜10分鐘。
6. 湯鍋內加入蘿蔔球、貢丸、柴魚包，煮熟後再加入岩鹽、糖、米酒調味。
7. 最後將湯料盛入蘿蔔碗內，滴幾滴香油，灑些胡椒粉，再放上香菜提味。

經驗分享：
若想做造型蘿蔔的可愛料理，在選購時要先提醒老闆不要切頭。
不然老板手腳很快，就會直接切斷、包入袋子給你。

糖果碗

材料

白色粉點硬質不織布1片，用於碗身
白色粉點硬質不織布1片，用於碗底
白色粉點硬質不織布1片，用於碗口飾條
米白色硬質不織布1片，用於小布標
白色手縫線，縫碗身
紅色手縫線，縫小布標字
手縫針、小剪刀

做法

1. 將碗身的兩側重疊1om後，以平針縫縫好。
2. 碗底修剪周圍的牙口0.5cm後，內摺，與碗身以平針縫縫組。
3. 碗口飾條包覆在碗身的開口處，以平針縫或車縫完成。
4. 在小布標上，以回針縫縫上Candy的字後，再以平針縫縫在碗身正前方的中心點處。（參考168頁回針縫、平針縫法）

經驗分享：
將糖果包入透明袋後，用紙膠帶封住袋口，放入糖果碗裡，可以當作小禮物送給朋友喔。

2

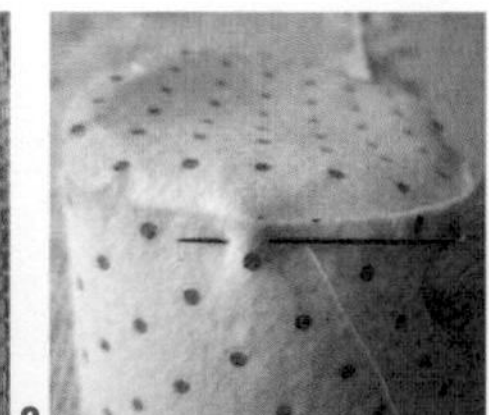
2

3

鮭魚味噌湯＋小魚餐用袋。

• • • • • • • • • •

某一年的某一天，
在外用餐喝到了一碗很用心的味噌湯，
好喝到讓我在內心裡碎碎念著：
「好好喝喔，怎麼可以這麼好喝啊！」

然後，我就在家不停的料理味噌湯，
開心的研究怎麼煮出具有我們家味道的味噌湯…。

我想，許多家庭都有屬於自己家的美味料理，
能夠分享給朋友品嘗，而又聽到對方大聲說出：
「哇！好好喝喔，我喜歡你們家的味噌湯。」
這種時候的感覺真棒！

是一種難以形容的快樂，大大的滿心愉悅…。

鮭魚味噌湯

材料

鮭魚120g，切小丁
板豆腐1塊，約240g，切小丁
柴魚包（柴魚片2g，約一手掌的量+便利茶包袋1個）
味噌140g
小魚乾20g
雞高湯1300cc
冷開水200cc
蔥切碎粒

調味料

糖1/2大匙
岩鹽1/4小匙
香油數滴

做法

1 味噌用碗裝，加入200cc的冷開水，調勻備用。1300cc雞高湯煮沸。
2 高湯煮沸後放入小魚乾、柴魚包及味噌，一起以小火熬煮約30分鐘。
3 再加入板豆腐與鮭魚丁，煮至熟。
4 最後放入糖與岩鹽調味。
5 享用時盛入湯碗，灑上蔥花及香油。

小魚餐用袋

材料

藍色硬質不織布1片，用於魚身後片
藍色硬質不織布1片，用於魚身前片
藍色硬質不織布2條，26.5 x 1.5cm，用於側邊裝飾條
藍色硬質不織布 1條，8.5 x 1.5cm，用於側邊裝飾條
眼睛棉布1片，直徑3cm
木釦子1顆
藍色手縫線
手縫針
小剪刀

做法

1 在魚身的前片以平針縫縫上眼睛棉布及釦子。
（手縫參考168頁平針縫法）
2 魚身前片的反面疊在魚身後片的正面處。
3 側邊裝飾條包覆在魚身的邊緣，並車縫左右及尾巴處。

小小提示：
因為不織布較厚會滑動，車縫側邊裝飾條時，可先平針縫固定，之後車縫比較容易；待車縫好後，再拆掉平針縫的線。

1

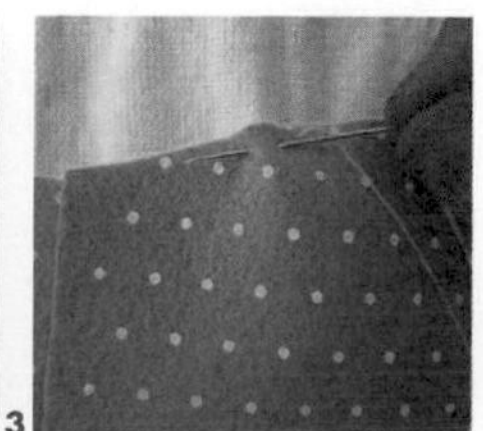
3

coffee

X

黑糖咖啡＋喵喵杯握套。

每天吃早餐時，
都會點一杯熱騰騰的咖啡，
準備迎接嶄新一天的開始。

如果不是外出早餐，而是自己準備…
也會使用摩卡壺煮一杯香濃的咖啡。

偶爾，我會使用黑糖調味，
有咖啡的香，還有黑糖的特有甜味，
下午茶時間來上一杯，真是美味呢！

黑糖咖啡

材料

研磨咖啡粉1大匙
開水250cc
砂糖1小匙
黑糖1大匙
奶球1顆（或奶精粉1大匙）

做法

1. 研磨咖啡粉1大匙，配冷開水150cc，用摩卡壺（或是其他煮咖啡的器具）煮一杯咖啡。
2. 咖啡煮好後，再加入熱開水100cc攪勻。
3. 在咖啡裡調入砂糖與黑糖攪拌，最後加入奶精。

喵喵杯握套

材料

米色硬質不織布1片，用於杯身
棕色軟質不織布1片，用於貓咪圖案
米色蕾絲1條，31cm
咖啡色手縫線，縫貓及字
米白色手縫線，縫杯身
手縫針
小剪刀

做法

1 在杯身的中心處，以平針縫縫上小貓及眼睛、嘴巴，以回針縫縫上coffee的英文字。（參考168頁平針回針縫法）
2 在杯身的杯口處配置蕾絲，蕾絲兩端內摺1cm縫份後，再以平針縫連同杯口縫上蕾絲，杯底也以平針縫縫上裝飾。
3 杯身兩端重疊2cm的縫份，以平針縫縫組。

1

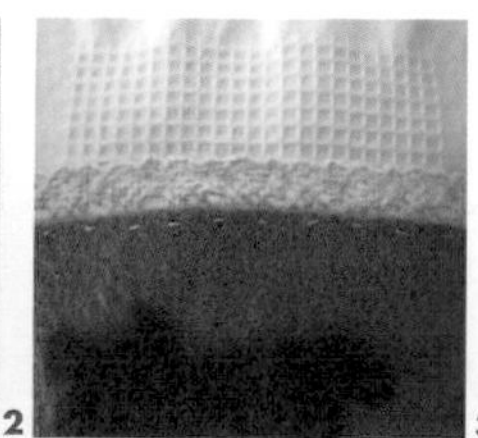
2

3

牛奶糖茶+喵茶墊。

我很喜歡看杯子或盤子
擺設在餐桌上形成的風景，
也愛它們擱在餐墊上的美味模樣，
像穿了一件美麗的衣裳般。

這次俏皮的做了貓茶墊，
像一隻貓貓端著好喝的茶，
品嘗時，
看著貓貓的我嘴角漾起一朵微笑，
呵呵…
如此可愛的下午茶。

Caramel

牛奶糖茶

材料

森永牛奶糖5顆
紅茶包1個
糖1大匙
熱開水250cc

做法

1 牛奶鍋內放入開水，再一次煮沸。
2 接著放入茶包與牛奶糖，小火煮至融化。
3 加入砂糖攪拌後，倒入杯中即可。

喵茶墊

材料

羊毛布1片，用於貓身前片
棉布1片，貓身後片
羊毛布2片，分別用於貓的左、右手前片
棉布2片，分別用於貓的左、右手後片
咖啡色羊毛氈，做眼睛
橘紅色羊毛氈，做鼻子
咖啡色手縫線，縫嘴巴
羊毛針、泡綿墊、手縫針、小剪刀

做法

1 在貓的臉上，以羊毛氈及羊毛針戳入眼睛與鼻子，並以回針縫縫上嘴巴。（參考145頁填圖做法、168頁回針縫法）
2 正面相對，反面車縫左、右手後，留0.5cm的縫份及5cm的返口，反面修剪周圍縫份的牙口後，由返口翻到正面。
3 在貓身前片手的位置區，將左、右手正面車縫上去，然後縫好固定手的地方。
4 正面相對，反面車縫貓的身體，留0.5cm的縫份及8cm的返口，反面修剪周圍縫份的牙口，然後翻正面。
5 最後，返口處以隱針縫縫組後，用熨斗燙平。（手縫參考169頁隱針縫法）

1

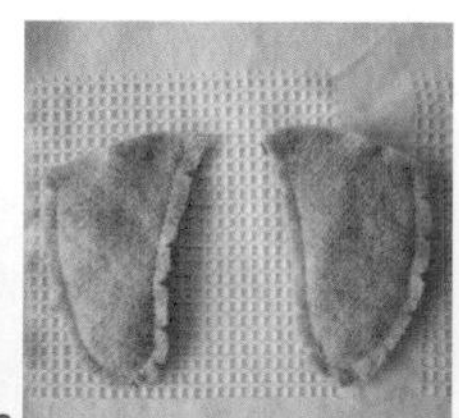
2

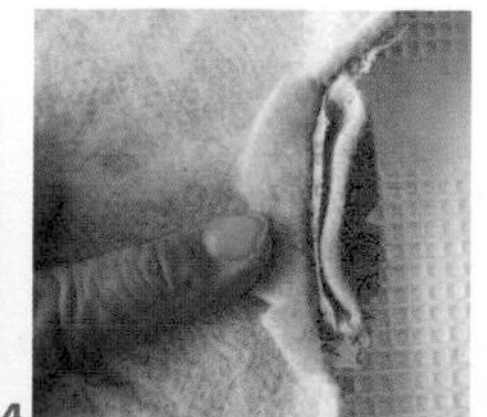
4

strawberry

X

草莓咖啡+草莓湯匙收納袋。

我們家，每年都不會錯過草莓的季節喔！

朋友的農場種植了草莓，
在草莓收成的季節，
我們都會跟朋友預約去採草莓，
看到飽滿紅潤的可愛草莓，心情真棒！
邊採邊吃，超開心的啦！

採回來的草莓，一半現吃嘗鮮，
一半留做香甜的草莓果醬。

第一次嘗試將草莓果醬加在咖啡裡，
嗯…有初戀般的酸甜滋味喔。

草莓咖啡

材料

草莓醬1大匙（自己做果醬或市售的果醬）
研磨咖啡粉1大匙
開水250cc
糖1大匙
奶球1顆

做法

1. 研磨咖啡粉1大匙配開水150cc，用摩卡壺（或是其他煮咖啡的器具）煮一杯咖啡。
2. 之後再加熱開水100cc拌勻。
3. 在咖啡裡調入砂糖、草莓醬攪拌，最後加入奶球。

草莓湯匙收納袋

材料

紅色硬質不織布1片，用於草莓果身前片
白底粉點硬質不織布1片，用於草莓果身後片
綠色硬質不織布1片，用於果葉
咖啡色硬質不織布1片，用於果梗
棕色布毛氈或羊毛氈
咖啡色手縫線，縫果梗
綠色手縫線，縫果葉
紅色手縫線，縫果身
羊毛針、泡綿墊
手縫針、小剪刀

做法

1. 草莓果身前片後面墊上泡棉墊，用羊毛針戳入棕色布毛氈裝飾。（參考145頁填圖做法）
2. 接著，以平針縫將果葉縫在草莓果身前片處。
3. 然後將果梗一片對摺，夾著草莓果身後片，以平針縫縫合。（手縫參考168頁平針縫法）
4. 最後將草莓果身前、後片的反面相對後，由平面處以平針縫從頂端開始縫繞到另一端，頂端預留袋口的開口6cm（橫向度量）。

1

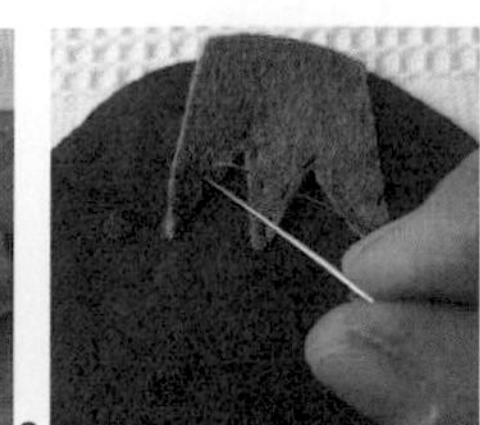
2

3

番茄燉飯＋小番茄杯碗罩。

很愛紅色系的果果，
番茄是果果也是蔬菜，
料理後有著滿滿的豐富茄紅素呢！

只要有番茄料理的食物都特別好吃，
顏色也非常可口，美感一級棒的…

一直很想料理加入番茄的燉飯，
把番茄義大利麵的料裡方式加以改良，
做成燉飯，嗯，好吃喔！

如果想讓美味再升級，不妨加入起司片一起煮！

tomato

番茄燉飯

材料

小番茄150g，水煮後去皮
小番茄50g，切碎粒
豬絞肉280g
洋蔥末140g
蒜末2瓣
番茄肉醬罐220g
番茄醬1大匙
雞高湯500cc
白米1杯

調味料

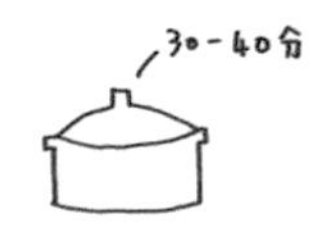

岩鹽1/2小匙
糖1/2大匙

x 試試看喲：
加一片起司片，就變成焗烤飯！

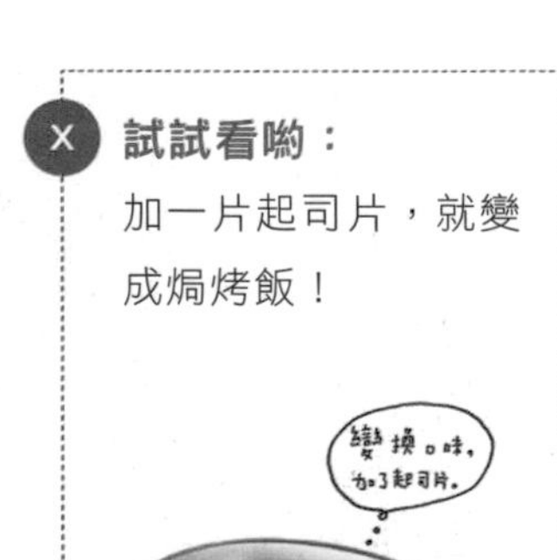

做法

1. 平底鍋放入1大匙橄欖油後，炒香蒜末、洋蔥末、番茄粒。
2. 接著放入豬絞肉炒熟，加番茄肉醬、番茄醬及500cc的水，煮沸。
3. 陶鍋內放入洗好的米，再放入煮好的（2）料，中火煮至沸騰，約5分鐘，轉為小火，加入糖、岩鹽調味。
4. 蓋鍋，關火，約等待30~40分鐘，即可享用囉。

小番茄杯碗罩

材料

紅色硬質不織布1片，用於番茄前片
橘色硬質不織布1片，用於番茄後片
綠色硬質不織布2片，用於葉子
咖啡色硬質不織布1片，用於果梗
咖啡色羊毛氈，做眼睛和嘴巴
紅色手縫線，縫本體
綠色手縫線，縫葉子
羊毛針
泡綿墊
小剪刀

做法

1. 將咖啡色羊毛氈戳入紅色不織布番茄，做為眼睛和嘴巴。（參考136頁填圖做法）
2. 接著將兩片葉子各車縫在蕃茄前、後片上方的中心處。
3. 番茄兩片正面相對，中心處夾入對摺的果梗後，反面由左至右車縫半圓（留番茄的下端開口），預留1cm的縫份後，修剪周圍牙口。
4. 由下端開口處翻為正面後，開口往內摺1.5cm，車縫一圈。

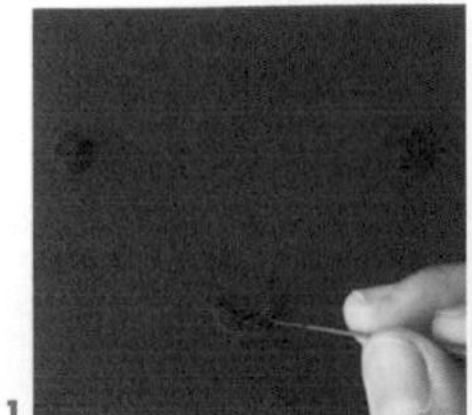
1

2
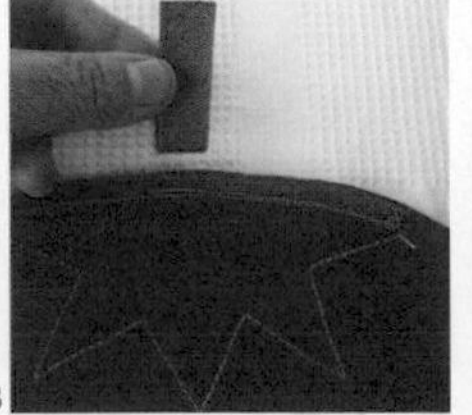
3

買了一件漂亮的衣裳，
素素的，很自然，舒服…

但說不出缺少了什麼…好心情的色彩，
可能需要配上一點小小的飾物喔，
就利用羊毛和不織布的可塑性，
來玩點小改造與設計吧！

暖暖的著物

2

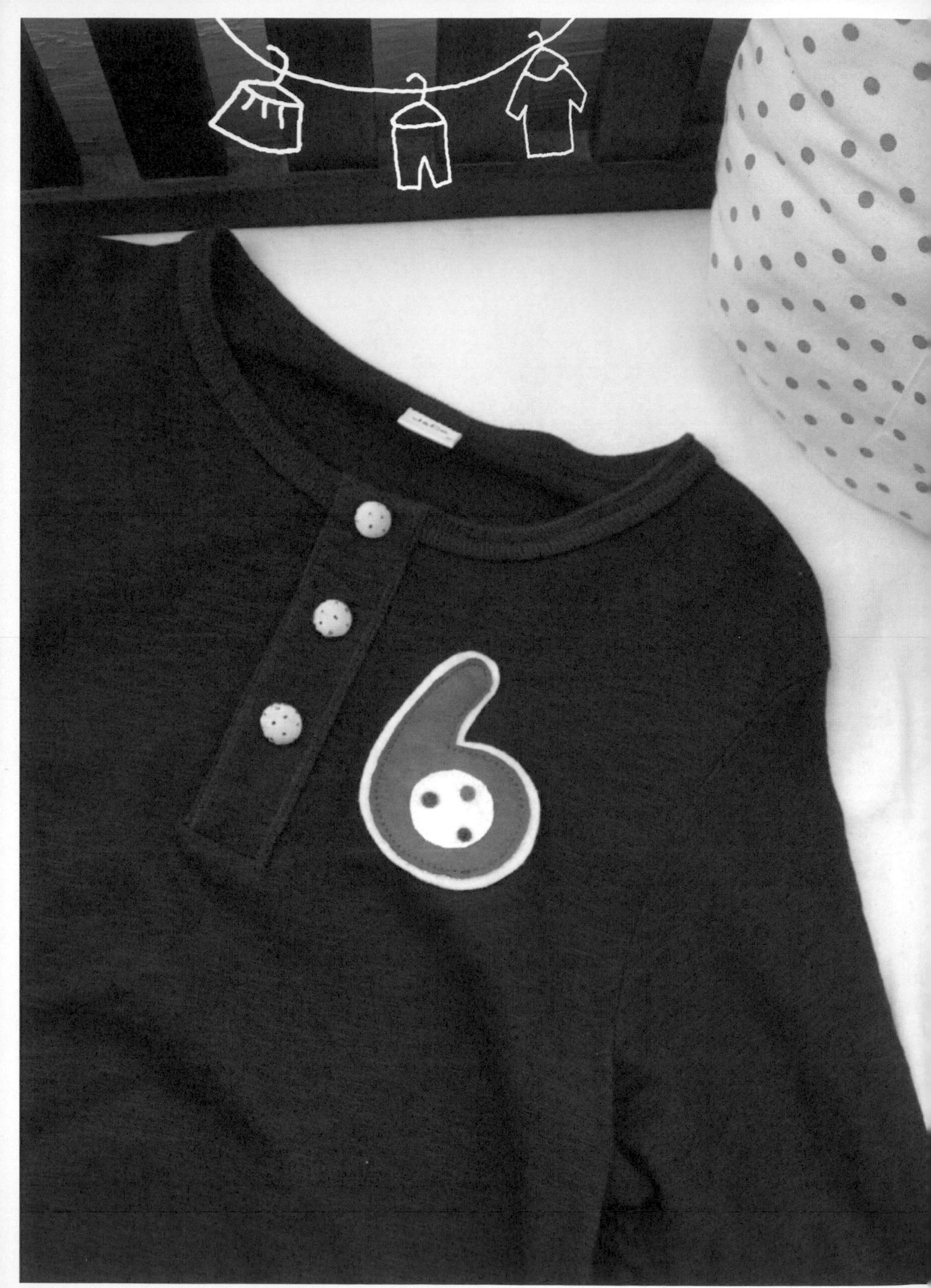

6號棉著。

最常買素色棉著，

喜歡穿上時的舒適度，

當然也喜歡有印刷圖案的棉著，

若是由自己設計圖案，那就更棒了！

那麼，

就設計自己喜歡的可愛數字吧！

6號棉著

材料

淡粉色6硬質不織布圖案1片
棕色6棉布圖案1片
白色圓形棉布1片
粉底黑點棉布（直徑2.7cm）3片
芥末綠羊毛氈
紅色羊毛氈
橘色羊毛氈
棕色手縫線，縫6棉布
白色手縫線，縫白色圓布及粉底黑點棉布
手縫針
小剪刀
羊毛針
泡綿墊
棉花
背面有黏性的布襯

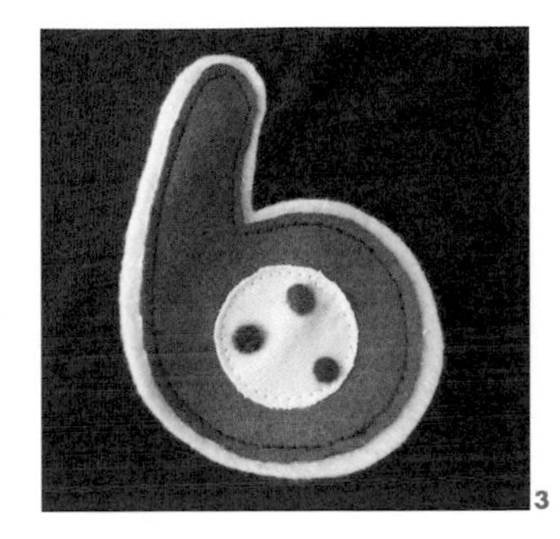
3

4

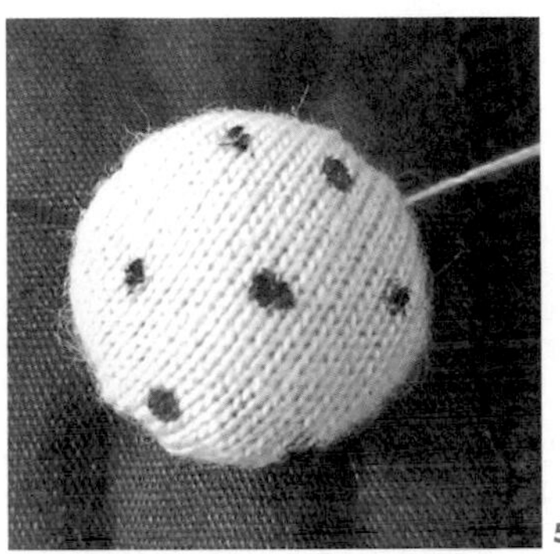
5

做法

1 在白色圓形棉布底層墊上泡綿墊，再用羊毛針戳三個羊毛氈圓點填圖。（參考136頁填圖做法）

2 將6不織布、6棉布及白色圓形棉布的反面，燙上布襯。

3 車縫或手縫（1）和（2）項的圖案。

4 用平針縫在粉底黑點棉布外圍縫上一圈。（手縫參考168頁平針縫法）

5 放在衣服的釦子上拉半緊後，加入少量的棉花，再拉緊到底，縫繞打上死結。

X

音符頸圍巾。

頸圍巾相當方便喔！

只要簡單的套在脖子上，
很快就溫暖起來呢⋯

若是選購不到喜歡的，
不妨使用現成的毛線衣改作，
簡單的車縫一個雙向都有開口的形狀，
套在頸上試試看，
是不是很容易製作呢？

音符頸圍巾

材料

橘紅色毛織布頸圍巾1條

棕色硬質不織布1片，用於音符外圈

咖啡色羊毛氈

紅茶色羊毛氈

米棕色羊毛氈

咖啡色手縫線

手縫針

小剪刀

羊毛針

泡綿墊

背面有黏性的布襯

1

3

做法

1 底層墊上泡棉墊，用羊毛針將羊毛戳戳在不織布上填圖。（參考136頁羊毛填圖做法）

2 將（1）項的反面燙上布襯，再剪下圖案，預留0.3cm剪出外框圖。

3 將圖案放置在圍巾的一個角落，以回針縫完成縫合。（手縫參考168頁回針縫法）

小灰兔格裙。

若衣物櫃子裡有現成的長裙，
不妨換個樣式，修改成短裙；
或是現成的短裙，還是任何顏色的裙子，都可以喔！
然後，把自己曾經養過的寵物，
或是自己喜歡的小動物，設計成裙子上的圖案；
散步的時候，就可以穿上，跟小動物一起去散步了。

ㄎㄎ

小灰兔格裙

材料

淺灰色硬質不織布1片，用於兔身前片
深灰色硬質不織布1片，用於兔身後片
咖啡色羊毛氈，用於眼睛外圈、鼻子
綠色羊毛氈，用於眼睛中圈
藍色羊毛氈，用於眼睛內圈
白色羊毛氈，用於尾巴
咖啡色手縫線，縫眼睛外圍
灰色手縫線，車縫兔身
手縫針
小剪刀
羊毛針
泡綿墊
背面有黏性的布襯

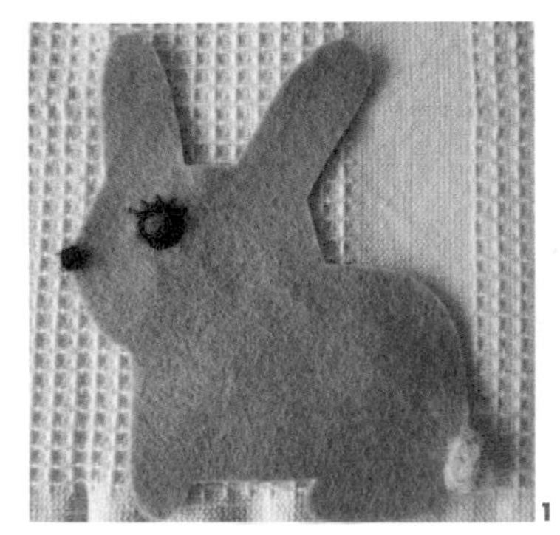
1

2

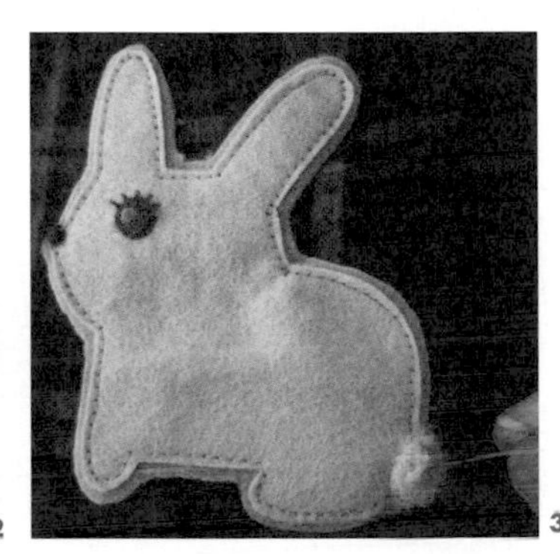
3

做法

1 剪下淺灰色兔子圖形後，底層墊上泡綿墊，再以羊毛針戳羊毛氈在不織布上。（參考136頁羊毛填圖做法）

2 將做好的（1）項放置在另一塊已修剪成兔形的深灰色不織布上，用大頭針一起固定在要構圖的裙身位置。

3 車縫好兔子後，在鼻子的部位補戳上咖啡色羊毛氈，尾巴處也是。

x

蘋果披肩。

每次看到肩上圍裹著披肩的女生，
都覺得好優雅啊！

在吹著冷氣的夏季室內，
或是微涼的天氣，
不想穿著笨重外套，
卻隨身能夠及時取暖的搭配著物，
最佳選擇大概非披肩莫屬啦！

Vigor Friend
apple

蘋果披肩

材料

暖色系三角形披肩1件
棕色棉布1片，7 x 7cm
紅茶色羊毛氈，用於果心
咖啡色羊毛氈，用於果梗
芥末綠羊毛氈，用於果葉
咖啡色手縫線
羊毛針
羊毛筆
泡綿墊
手縫針
小剪刀
背面有黏性的布襯

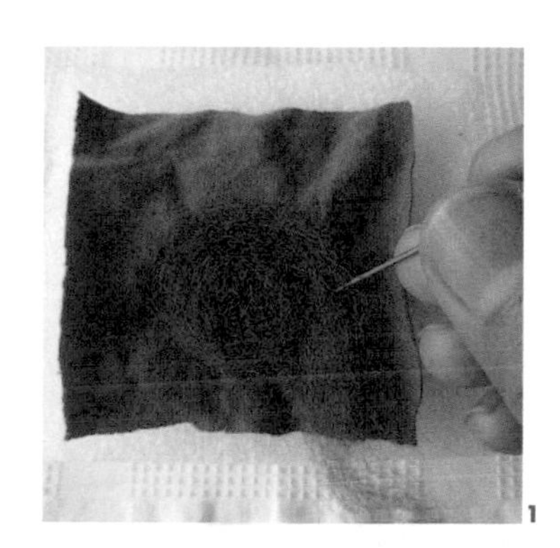

1

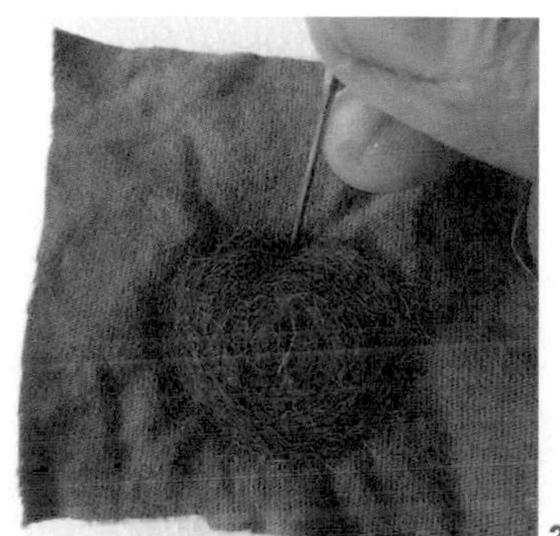

2

做法

1 布的下方墊上泡綿墊，然後取一條羊毛氈，以繞圈的方式填圖，用羊毛針戳在口袋上固定後，再用羊毛筆均勻的戳入棉布。（參考136頁羊毛填圖做法）

2 用羊毛針在果心中央戳出一個小凹。

3 接著再戳一根果梗及一片果葉，反面熨燙上布襯。

4 將蘋果圖形順著外圍修剪下來，須留0.5cm的縫份，然後車縫或手縫在披肩的前胸上裝飾。

經驗分享：

穿著時，可直接披上，用雙手夾著，這樣也很好看喔。

x

自然風長版圍巾。

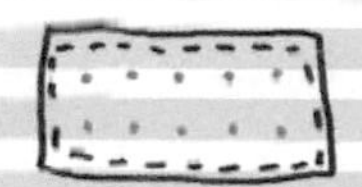

有時候會買些棉質的素面圍巾，
或是簡單圖案設計的棉質圍巾，
不用手鉤織的毛線，
兩種材質的搭配，
可以呈現出不同層次的溫暖感受。

自然風長版圍巾

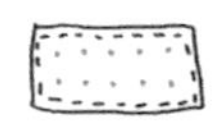

材料

暖色長版圍巾1條，約250cm長

白色布標（硬質不織布或棉布）1片，6 x 2.5cm

米棕色羊毛氈適量

羊毛針

泡綿墊

棕黃色手縫線，縫布標

小剪刀

手縫針

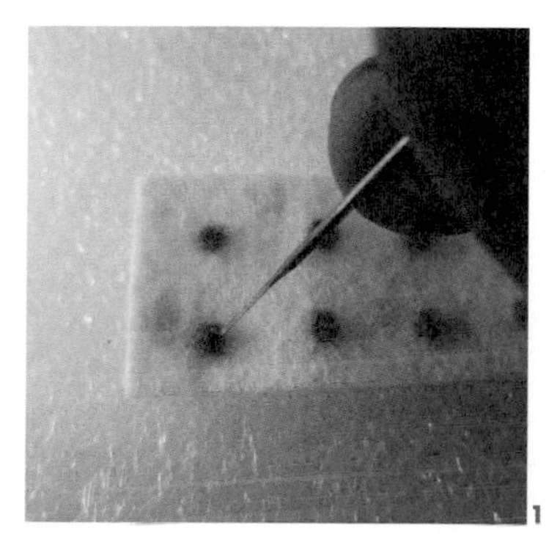

1

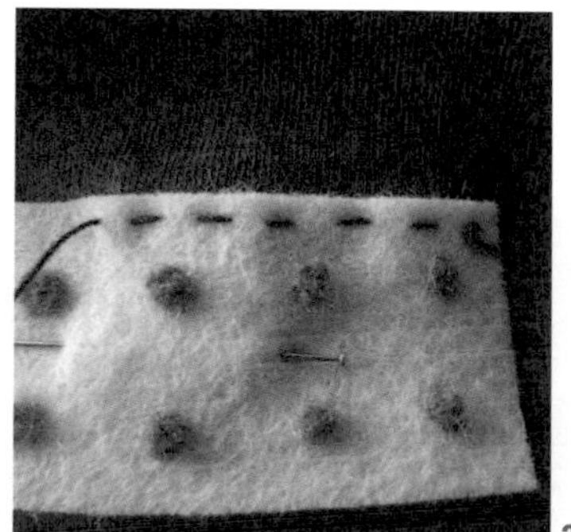

2

做法

1 不織布的背面墊上泡綿墊，取一小點羊毛氈以羊毛針戳入不織布的布裡，以點狀的圖案裝飾。（參考136頁羊毛填圖做法）

2 完成填圖後，接著以平針縫縫在圍巾的一角。（參考168頁平針縫法）

經驗分享：

素面的圍巾加了一塊小布標，就變漂亮囉！

小羊毛樹洋裝

小時候很喜歡的遊戲之一，

就是爬樹，呵呵…

所以，對樹有很深的好感，

將小樹圖案設計在洋裝的口袋上，

滿可愛的！

想想看，

自己喜歡什麼形狀的小樹呢？

Vigor Friend

小羊毛樹洋裝

材料

絨布娃娃裝1件

芥末綠羊毛氈適量，製作果樹圖案

咖啡色不織布1片，用於樹幹

咖啡色手縫線

淺米色鈕子3顆

羊毛針

羊毛筆

泡綿墊

手縫針

小剪刀

2

3

4

做法

1 更改原先胸前的黑色釦子，另縫上淺米色的釦子。

2 口袋下方墊上泡綿墊，然後取一條羊毛氈以繞圈的方式填圖，以羊毛針戳在口袋上固定後，再用羊毛筆均勻的戳入口袋布上。（參考136頁羊毛填圖做法）

3 接著用回針縫縫上樹幹。(參考168頁回針縫、平針縫法)

4 樹幹中心縫平針縫裝飾。

1

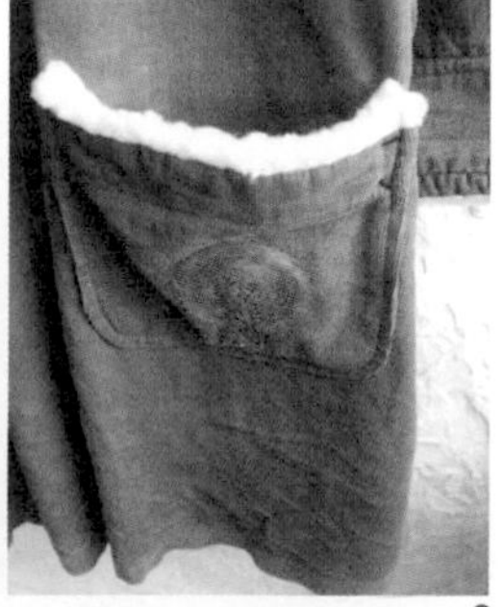

2

x 改造後的樣子：

1 將胸前的黑色釦子改為淺米色的釦子後，比較亮眼喔。

2 加上羊毛小樹的口袋，變得可愛又溫暖了。

Sea

X

航夏五分褲。

暖色系的褲子都很好搭配衣著，
尤其是在秋冬的季節，
五分長的棉褲搭上貼身的內搭褲，
都是溫暖的選擇喔。

航夏五分褲

材料

米白色棉布1片，6 x 7cm

圓形棉布1片，直徑3.5cm

紅茶色羊毛氈

米白色手縫線

羊毛針

泡綿墊

手縫針

小剪刀

3

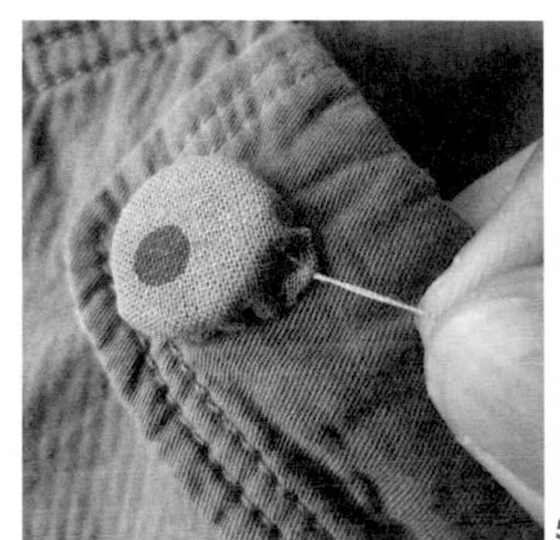
5

做法

1 底層墊上泡綿墊，用羊毛針將羊毛氈戳入棉布填圖。
（參考136頁羊毛填圖做法）

2 接著將棉布的四周內摺1cm的縫份，再熨燙使其定形。

3 車縫在右邊褲腳的下方，作為裝飾。

4 剪一塊比釦子直徑大1.5cm的棉布，然後內摺0.5cm，
以平針縫縫一圈。(參考168頁平針縫法)

5 接著套在原來的釦子上，縫線拉緊打上死結。

經驗分享：

若褲子上原本就有釦子，可改造原來的釦子；換上點點棉布後，釦子變得很有自己的特色喔。

小兔散步袋。

喜歡買一只素素的麻布袋，
簡單的，拎著出門散步去…

或者，
如果在其中一面加點圖案上去，
應該也不錯！

想想看，
自己喜歡什麼圖案呢？

我想，用拼接的方式來設計看看…

ㄅㄣ ㄆㄠˇ

小兔散步袋

材料

素面麻布袋一只，30 x 19cm

米底綠點棉布2條，30 x 2.5cm，裝飾提把

橘紅不織布1片，用於胡蘿蔔

翠綠不織布1片，用於葉子

藍色棉布2片，用於兔耳朵

棕色毛毛布1片，用於兔子臉

咖啡色不織布2片，用於睫毛

棕灰色羊毛氈，用於鼻子

橘色手縫線，縫紅蘿蔔

翠綠色手縫線，縫葉子

棕色手縫線，縫兔子

白色手縫線，縫提把

羊毛針、泡綿墊

手縫針、背面有黏性的布襯、剪刀

3

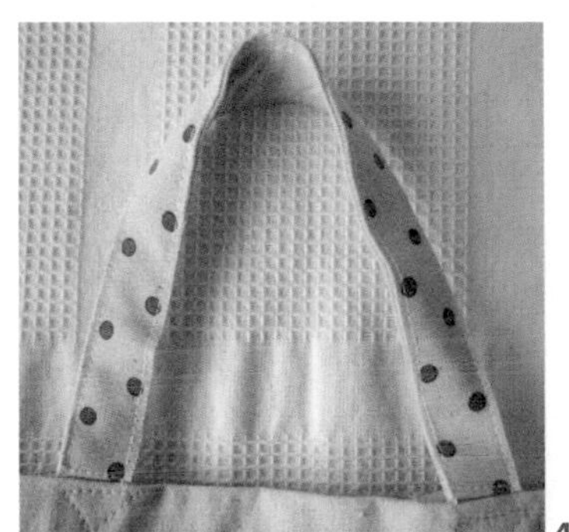
4

做法

1 將全部圖案及花布的反面燙上布襯，並剪下圖案。

2 袋身前片車縫或手縫上胡蘿蔔與兔子的圖案。

3 再用羊毛氈製作兔子的鼻子，回針縫縫上嘴巴的線。（參考168頁回針縫法、136頁填圖做法）

4 花布車縫或手縫在提把上裝飾，也修改了原本素顏的提把。

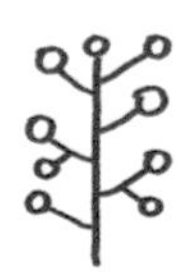

breakfast time

X

鴨鴨皮革提袋。

• • • • • • • • • •

除了喜愛布包，

還喜歡皮革包的有型，

皮革包原本沒有前口袋的設計，

加上了些柔軟的布及少量的羊毛，

為皮革包增添了些溫暖色彩…

鴨鴨皮革提袋

材料

素色皮革包1個
粉底白點棉布1片，用於口袋
白色硬質不織布1片，用於小白鴨
米棕色軟質不織布1片，用於小鴨底層
黃色羊毛氈，做鴨頭毛、嘴
紅茶色羊毛氈，做鴨腳
白色手縫線，縫鴨身
粉色手縫線，縫口袋
咖啡色手縫線，縫眼睛
羊毛針
泡綿墊
手縫針
背面有黏性的布襯

1

2

3

做法

1 在白色小鴨身上戳入羊毛氈裝飾，黃色頭毛，嘴，紅茶色鴨腳，並縫上眼睛，反面熨燙上布襯。（參考136頁羊毛填圖做法）

2 袋子的圓弧處以平針縫縫出收縮效果，創造出圓弧輪廓，袋口內摺2cm後車縫，然後周圍內摺1cm的縫份，以熨斗燙平。（參考168頁平針縫法）

3 做好的白色小鴨，疊放在作為小鴨底層的米棕色不織布上面，車縫或手縫在口袋上。

4 最後，將裝飾好的口袋車縫或手縫在皮革提袋的正面。

毛粒球羊毛衫。

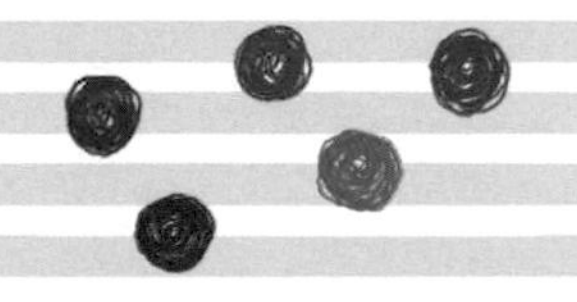

素色的羊毛衫向來很好搭配衣著，

若在羊毛衫的表情裡

增加一些可愛的小羊毛球…

似乎，也滿可愛的…

就戳幾顆小小羊毛球加入吧！

毛粒球羊毛衫

材料

素色羊毛衣
淡棕色羊毛氈
淡紅磚色羊毛氈
淡紫色羊毛氈
抹茶綠毛線
羊毛針
泡綿墊
粗手縫針
小剪刀

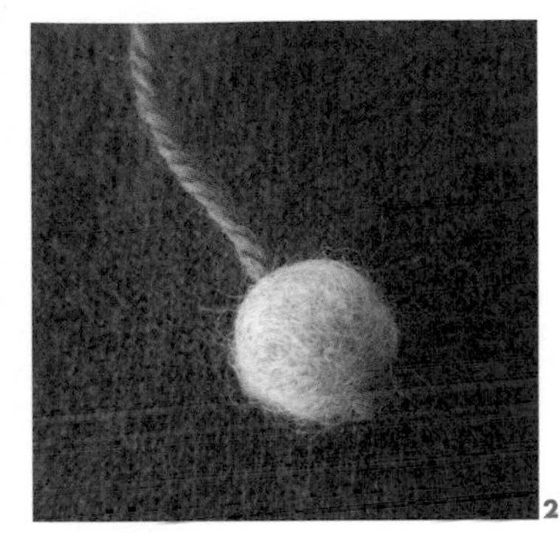
2

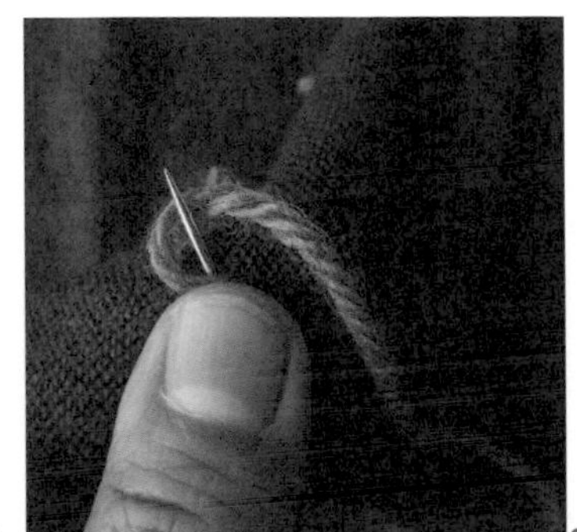
3

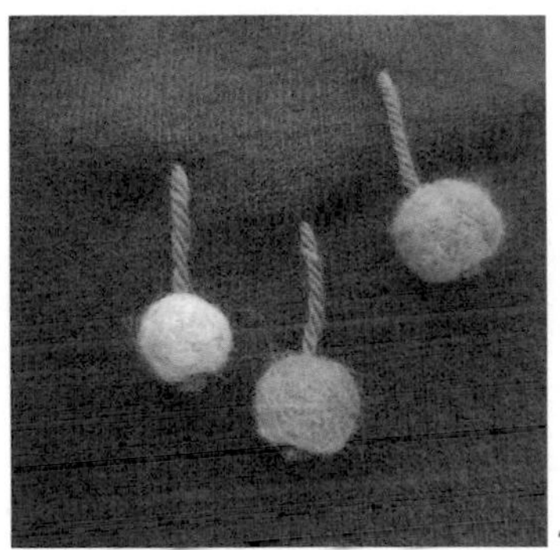
4

做法

1 分別戳好三粒羊毛球。（參考136頁羊毛填圖做法）

2 抹茶色毛線穿入粗手縫針孔裡，一端打上死結後，穿縫入一粒羊毛球。

3 再穿入毛線衣裡，毛衣反面繞針線打死結兩次，剪斷。

4 接著，以同樣的手法縫好另外兩顆羊毛球。

生活裡有太多的發現了，
你是否有注意到呢？
就說溫暖的事吧，
有些人討厭冬天的冷，
但，你可以對自己說：
「裹著又厚又暖的被子，好幸福，好溫暖。」
可能也討厭冬天的既冷又多雨，
若無法出門，就為自己泡杯熱可可，
在窗邊閱讀喜歡的書，
聽聽雨在窗外唱歌…
是不是就感覺不同了呢？
至少，心窩暖起來了…

温暖的生活

3

走．走．走，
看羊咩咩去。

x

綿羊牧場小旅行。

行駛在羅馬公路上，
被層層疊疊的山巒環抱著的我們，
關了車內的冷氣，
收音機播放著令人感到舒適的輕音樂，
打開了窗，
享受著自然的涼風與滿滿的芬多精，
微風徐徐吹拂，
身心都舒暢了起來。

到達綠光森林的綿羊牧場時，
已經快接近午餐的時間，
還是決定先步行到綿羊牧場，
看看可愛的小綿羊；
一路上的小綠道上，
有好多風景呢！

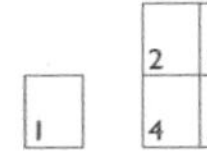

1 因為下雨，綿羊牧場沒有綿羊呢！

2 小小的紫色薰衣草田。

3 很高的爬坡喔，走到腳痠。（哈）

4 綠色小路旁的彩色小樹，很有元氣喔。

5 發現樹上長滿了小果子，綠綠的好清新！

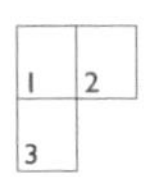

1 綠光森林的房子。

2 下過雨的小花真有活力。

3 木板上雕刻的虛線圖案好自然呢！

4 山上起了些薄霧。

綿羊牧場小旅行

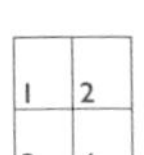

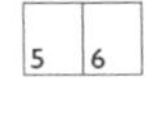

1 綿羊正在吃草。

2 好可愛！一起在吃草草。

3 用手摸摸小綿羊的毛，好蓬軟喔！

4 有點呆呆的胖胖毛毛的樣子，真可愛！

5 大綿羊的表情好好笑喔！

6 雙腳站得好直，好優雅啊！

綿羊牧場小旅行

在綿羊的房舍裡看到了一大袋
一糰糰修剪下來的羊毛，
想著這些蓬軟的羊毛經過洗滌、染色後，
製成可愛的羊毛小物，
內心裡很感謝綿羊們呢！

雖然下著小雨…
沒能看到綿羊們在綠草上自在的散步，
但能如此親近看看牠們，
真是開心呢！

^_^喲呼…

有機木棉花。

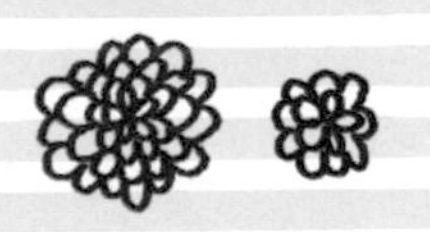

有機木棉花的觸感
與一般棉花很不一樣喔，
顏色有些米黃微亮。

我常使用木棉花來填塞小布偶，
是女兒常玩耍的小布偶、布製作的玩具…等等，
握在手裡的感覺既柔軟又舒服。

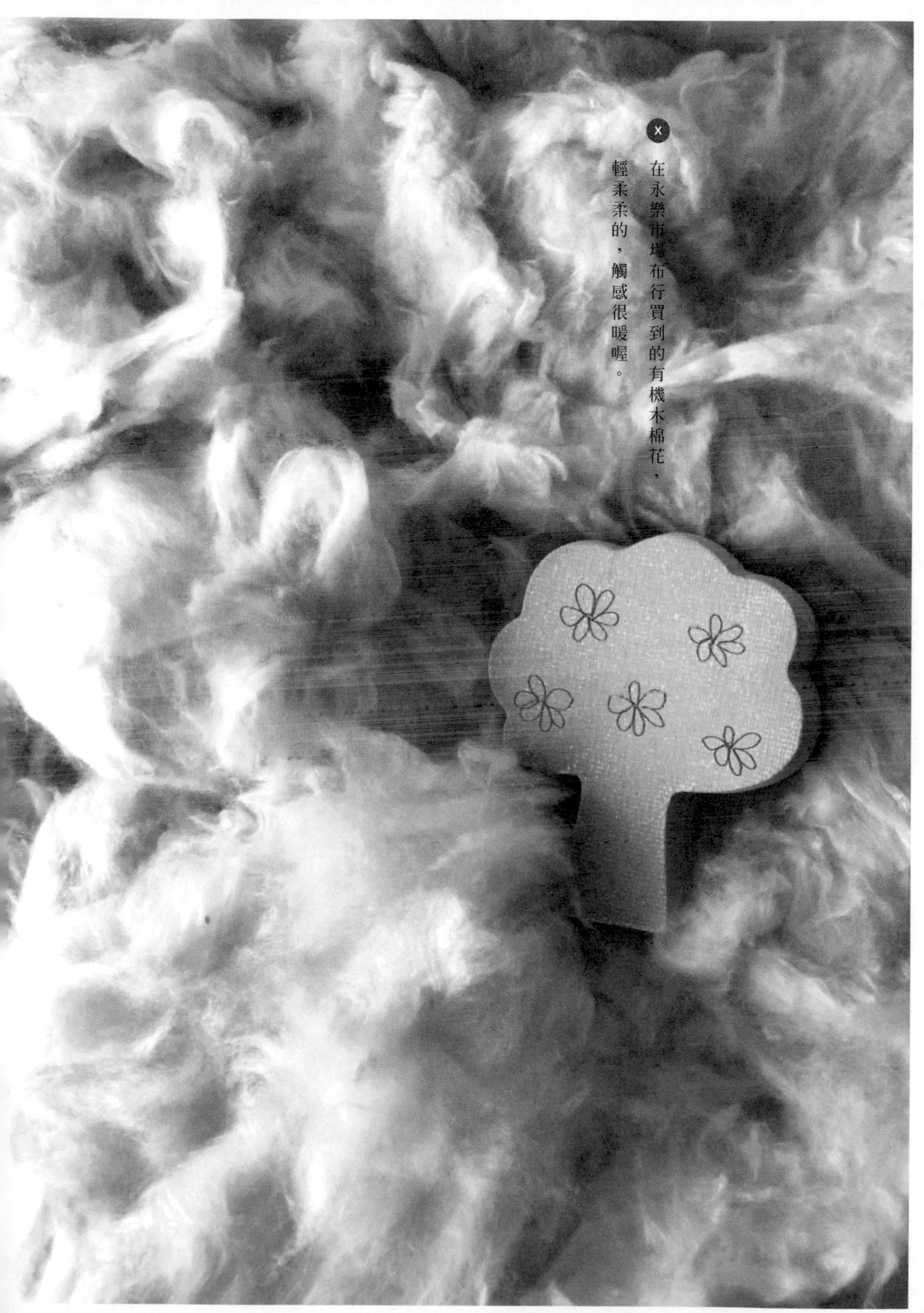

在永樂市場布行買到的有機木棉花，輕柔柔的，觸感很暖喔。

1 2

1 大馬路上的木棉樹，非常高大。

2 這是木棉樹的花朵，好大一朵啊！

木棉花的身分證：

木棉花（Cotton Tree），又名攀枝花。隸屬木棉科，落葉大喬木，高10～20公尺。原產於印度、印尼、菲律賓，樹幹筆直，長滿瘤刺，但不會太過銳利而傷人。側枝輪生作水平方向展開，葉子形狀十分特別，掌狀複葉像張開的手掌，葉柄很長。

每年二到三月先開花，後長葉。花冠五瓣，橙黃或橙紅色。花萼黑褐色，革質。花後結橢圓形碩果，內為卵圓形的種子和白色的棉絮。木棉花的花語為「熱情」。

來做一個有機木棉花午安枕

材料

天空色硬質不織布1片，用於大象圖案
淡藍色小碎花彈性棉布1片，用於大象圖案
藍白格子棉布1片，用於耳朵
藍白格子棉布2片，用於尾巴
白色羊毛氈（做眼白及點亮眼珠）
咖啡色羊毛氈（做眼珠）
天空藍羊毛氈（做鼻子的點綴）
淡藍色手縫線
有機木棉花
羊毛針
泡綿墊
手縫針
小剪刀
布襯

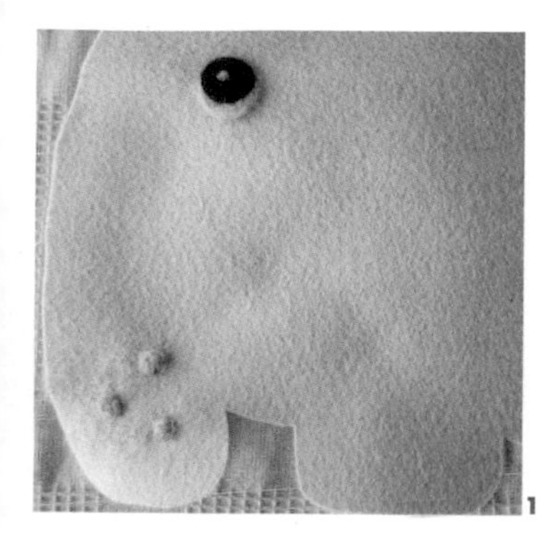
1

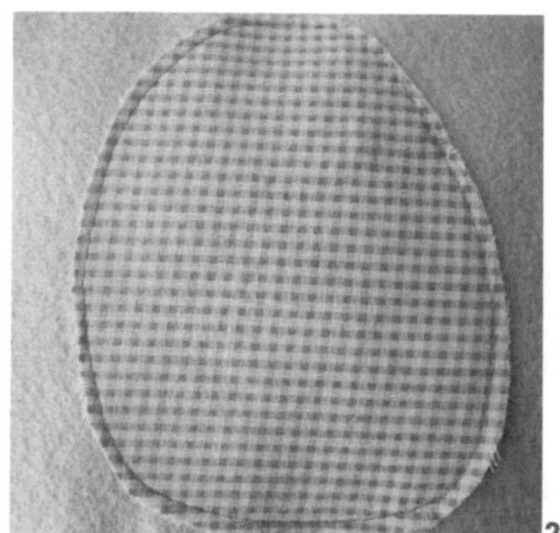
2

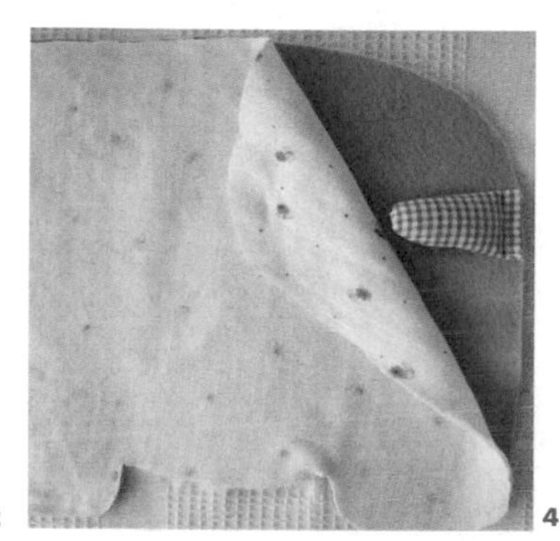
4

做法

1 先在天空色不織布的大象圖案，戳好白色眼白，再戳上咖啡色眼珠、小白點、以及鼻子的三顆小圓點羊毛填圖裝飾。（參考136頁填圖做法）

2 在藍白格子的棉布耳朵，反面熨燙上布襯，再把它車縫或手縫在正面的大象耳朵位置上。

3 藍白格子的棉布尾巴以正面相對後，加以車縫，留0.5cm的縫份及返口，翻正面後為尾巴塞入棉花。

4 大象圖案的正反兩片以正面相對，夾入尾巴後車縫一圈，四周留0.5cm的縫份及返口6cm（後腳處），修剪周圍一圈的牙口。

5 由返口翻正面後，塞入棉花使其胖圓，返口以隱針縫縫合。（參考169頁隱針縫法）

X

可愛寶貝的羊毛衣著。

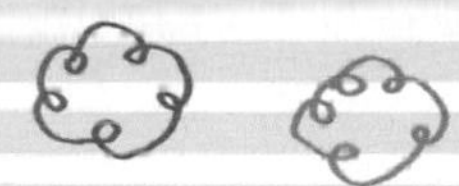

由於這本書是暖暖的，暖乎乎的…乎乎…

在網路上公開募集了家中有可愛小寶貝的媽媽們，
讓小寶貝們穿著暖暖的毛毛著物，
帶著純真的笑容及卡哇伊的小小姿態，
留下有溫度的童年影像。

一起來感受他們的可愛魅力與暖乎乎的表情吧！

Ann

頸上的領圍保暖又舒適。

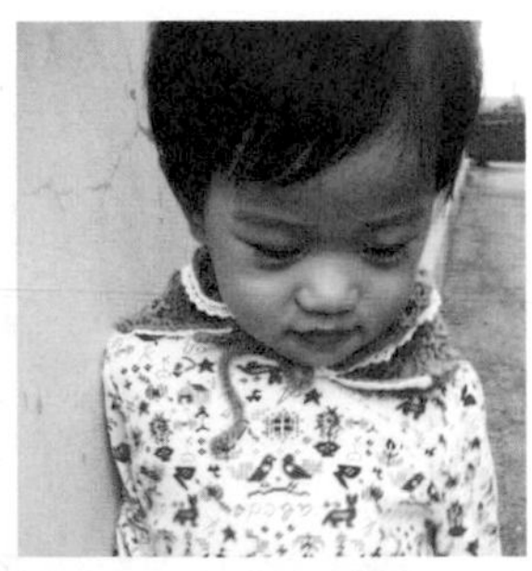

小熊

媽咪說，圓嘟嘟的我穿上吊帶褲，最可愛了！！

子桀

小熊毛帽好保暖，冬天有它，小平頭也不怕冷！

小波妹

我的粉紅毛外套好Q。

小姝蓉（林姝蓉）

喜歡圍巾上面有狗狗，
好卡娃伊喔。

小草莓

YA！我的帽子好可愛喔。

小蘋果

我是漂漂的小女生！

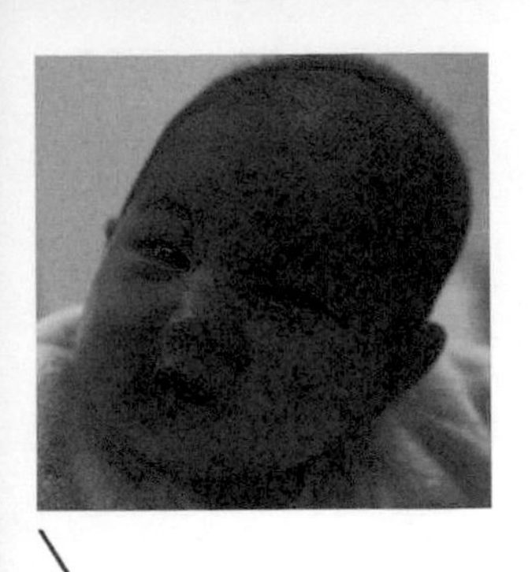

炎寶

這件白色雪花背心穿在身上，
抱起來特別溫暖舒服。

劉雨蕎（Candy）

條紋、小碎花搭配圍巾或帽子，就很有型！

品辰

聖誕節時，戴紅毛帽去和聖誕老公公合照。

家家

紅圍巾溫暖又帥氣！

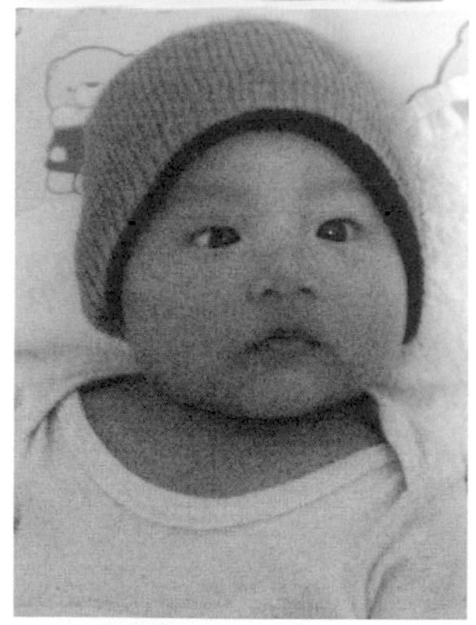

品妘

戴著灰色毛帽，阿姨說，她臉圓圓，像草莓大福。（哈）

小帽妹妹

逛街時遇見的可愛妹妹，
穿著毛外套、小橘鞋，可愛極了！

姿辰

喜歡毛球類的小配件。

詠晴

我身上的粉粉毛背心，好溫暖又Q。

翠絲（mm）

毛帽充滿耶誕風，
溫暖又跳色！可愛！

媛媛

花花帽旁邊的小花好漂亮又可愛。

翔翔

我的毛帽很溫暖喔！

腳妹

好可愛的粉紅毛毛背心。

徐小乖

很喜歡拔拔在兔年送他的兔兔帽ㄛ！

璿寶貝

我的毛帽是可愛的小瓢蟲。

線條弟弟

穿著紅白條紋羊毛衣，好帥又溫暖。

米米

灰色毛背心是姨婆送的，感覺時尚，很好穿搭，
整個冬天很常穿喔。

x
豪寶
媽咪最愛他戴帽子的帥氣模樣。

x
小饅頭
黃色的毛線帽溫暖又可愛。

**在此篇特感謝草莓麻及小可愛的媽媽們提供照片，
讓暖暖書溫暖又可愛。（鞠躬）**

遇見暖暖料理咖啡館。

Pain de mie

店　址｜新竹市世界街148號2F（靠近市政府）
時　間｜12:00~19:00
店　休｜不定時（可來電詢問或訂位）
座　位｜13席（無吸菸區）
電　話｜03-5233078
Facebook｜http://www.facebook.com/pages/Pain-de-mie
blog｜http://www.wretch.cc/blog/paindemie

＊ 暖暖小森林畫展展出時間｜
Pain de mie（**新竹**）2012.11.25~12.28

Zakka Zoo 2F甜點屋

店 址｜台北市大安區金華街148號2F
捷運東門站5號出口右轉永康街直走到金華街交叉街口
時 間｜一 13:00~20:00 三、六 13:00~20:00
店 休｜每周二、日（可來電話詢問或預約）
座 位｜12~15席（無吸菸區）
電 話｜02-23583830
Facebook｜Zakka Zoo 2F甜點屋
blog｜http://tw.myblog.yahoo.com/tc7105/
入場參觀最低消費100元

＊ **暖暖小森林畫展展出時間**｜
Zakka Zoo 2F**甜點屋（台北）**2013.1.5~2.7

ⓧ 來 Pain de mie 感受森林的氣息吧！

荔枝，是一位很可愛、有活力的女生。

之前從事QA品質管理的工作，
某日，在餐廳裡看到了這一段文字後…
（離職，擁抱新生活的開始，那一年，
我跟許多人一樣，邊工作邊想著，
好難離職，而這一想，便是一年…）

於是，
她下了決心展開了，
這趟，開自己喜歡的店的夢想。

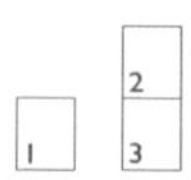

1 2 一樓的小黑板。

3 入口處。

1 荔枝泡給我喝的茶，好喝喔。

2 荔枝收藏的可愛的磅秤跟自己做的草泥馬。

3 窗台邊的風景。

4 舒適的沙發椅。

5 採訪的這天有羊毛課。

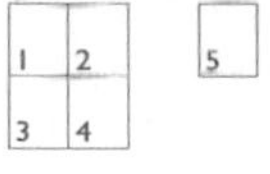

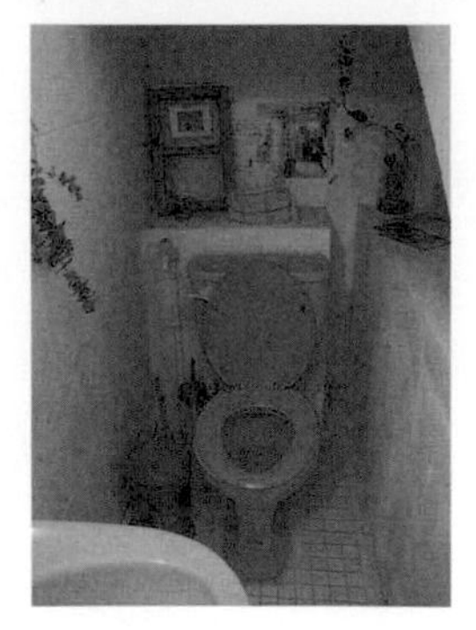

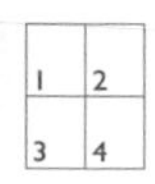

5
6

1 很喜歡這區塊。

2 好可愛的洗手間。

3 乾燥花。

4 牆壁上的收納罐。

5 暖暖的燈與光影。

6 充滿知性的角落

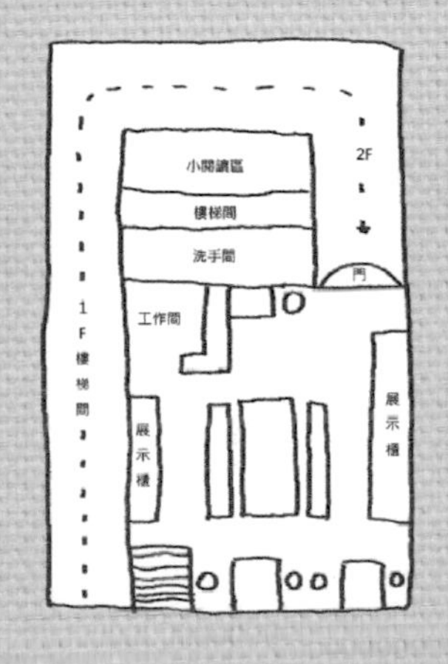

荔枝説，
她非常喜歡這工作，並且樂在其中，
也因為這工作，讓她接觸了更多不同的人；
每天都有不同的想法與人生，
是她獲得最珍貴的寶藏！

店內最主要以森林健康的輕食為主，
不定期有手作課及小展覽，
若有到新竹一遊，
歡迎來這喝咖啡喔。

Ps.
還有，我要謝謝荔枝讓我這趟新竹的小旅行，
因為遇見她而美好呢！^_^

X 推薦冬季賞味料理｜焗烤蘑菇蛋盅

X

在Zakka Zoo 2F甜點屋，度過所有的美好時光吧！

• • • • • • • • • • • •

走入永康街，這條街道好熱鬧喔！

Zakka Zoo 2F甜點屋是在二樓，
一樓則是販售手工雜貨的Button釦子工房，
上了二樓有滿滿的綠植物呢！

這也是店長布提格最喜歡的小區塊，
在生活裡不可缺少天然植物的清新感，
嗯…舒適極了。

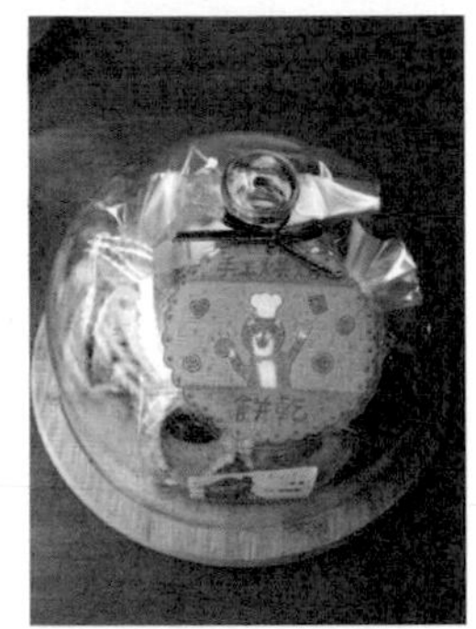

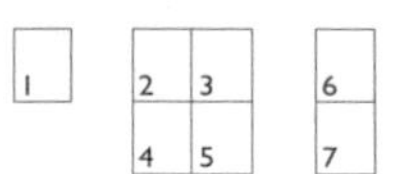

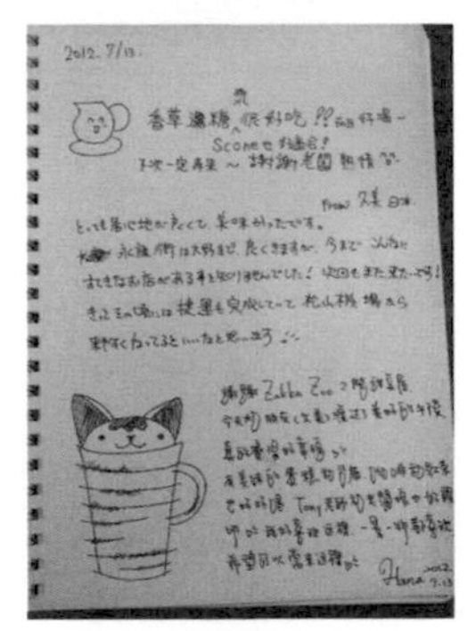

1 Zakka Zoo 2F甜點屋。

2 美味。美胃。

3 美味又健康的手工餅乾。

4 來自香港朋友的留言。

5 布提格手作的美好餐墊。

6 綠意盎然。

7 走上二樓的風景。

布提格說，
原本自己是一樓Button釦子工房寄賣手作品的設計師，
目前受邀與一樓合作，
專心負責Zakka Zoo 2F甜點屋的營運與課程的安排。

店裡除了有美味健康的下午茶甜點、手工餅乾，
另外有甜點烘焙課及手作課。

烘焙課是由老公Tony老師親自指導，
Tony老師畢業於東京製果學校，
留日數年，回國後曾任五星級飯店的點心房主廚，
有20餘年的職場經驗，
料理過很多美味又可口的甜點喔！

布提格說，在這裡最開心的，
就是可以接觸到許許多多興趣相投的朋友，
最讓她印象深刻的溫暖事…
有位烘焙課的學生，很喜歡玩紙膠帶，
課後跟同學分享很多創意包裝，
也因此被出版社編輯邀約出書。

聽布提格說，那位女生也是麻球的粉絲喔。

哈！人生真是奇妙又有趣呢！

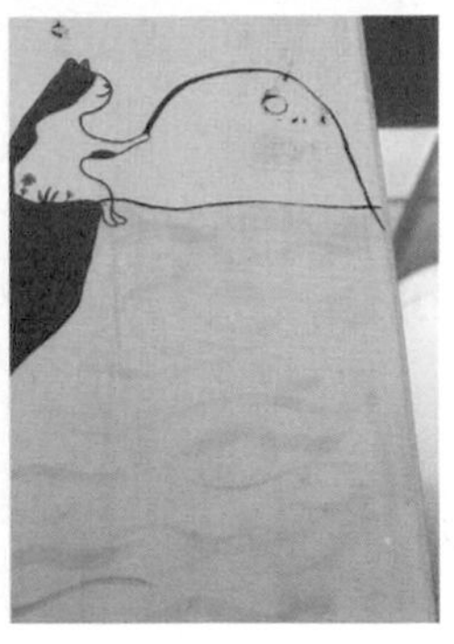

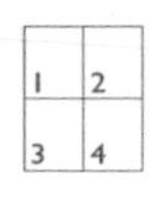

1 可愛的甜點告示板。

2 小女生說，餅乾好好吃喔。

3 洗手間裡的貓咪。

4 陽光橘子色的磅秤。

5 知性的一角落。

6 充滿活力的小植物。

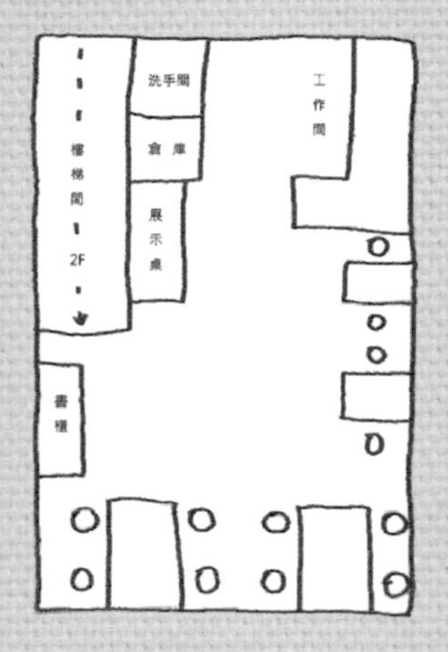

布提格雖然開一家這麼可愛的店，
大多的時間都是在店裡，幾乎全年無休…
難免有時覺得辛苦；
但能做自己喜歡的事，真的很開心喲。

X 推薦冬季賞味料理｜松子巧克力套餐

Tony老師正在烘焙美味的甜點。

對於溫暖，

我想擁抱的就是…

會讓自己由心底淺淺的微笑…的那種感覺，

手裡握著的溫度與內心的感受，

滿滿的，滿滿的，溫暖著…^_^

溫暖的毛毛手作

4

咩
一捲一捲的取用、收納，好方便喔！

ⓧ

羊毛氈的收納術。

• • • • • • • • •

一般買的羊毛都是一條一條的，

包裝在塑膠袋裡，

取用時，羊毛常會粘在塑膠袋的袋口上，

有點麻煩。

於是，想出一個很簡單的收納方法，

利用家裡用完的捲筒衛生紙紙捲，

捲好羊毛條再塞入紙捲裡，就可以囉！

若是家裡沒有使用捲筒衛生紙，

那就自行製作紙捲來收納喔！

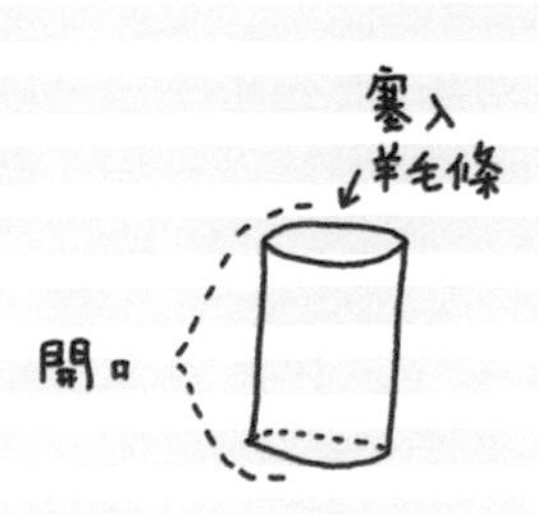

何謂羊毛氈？

羊毛フェルト，羊毛氈是還沒發明織布機時的傳統手藝。100%原羊毛染成各種顏色，藉由溫水加壓、搓揉等…過程，毛毛就會糾結在一起，而形成氈化，就是羊毛氈。

製作羊毛氈的技法很簡單上手，一般人只要學過基本的羊毛鋪設、搓揉等水洗的技巧或針戳的方式，就可輕易的完成獨一無二的作品，非常有成就感。一件成品必須要花到一天以上的時間，毛氈布的手感比不織布來的柔軟，做出來的東西比較有「個性」。

此外，它的顏色也比較活…不像不織布的死板。

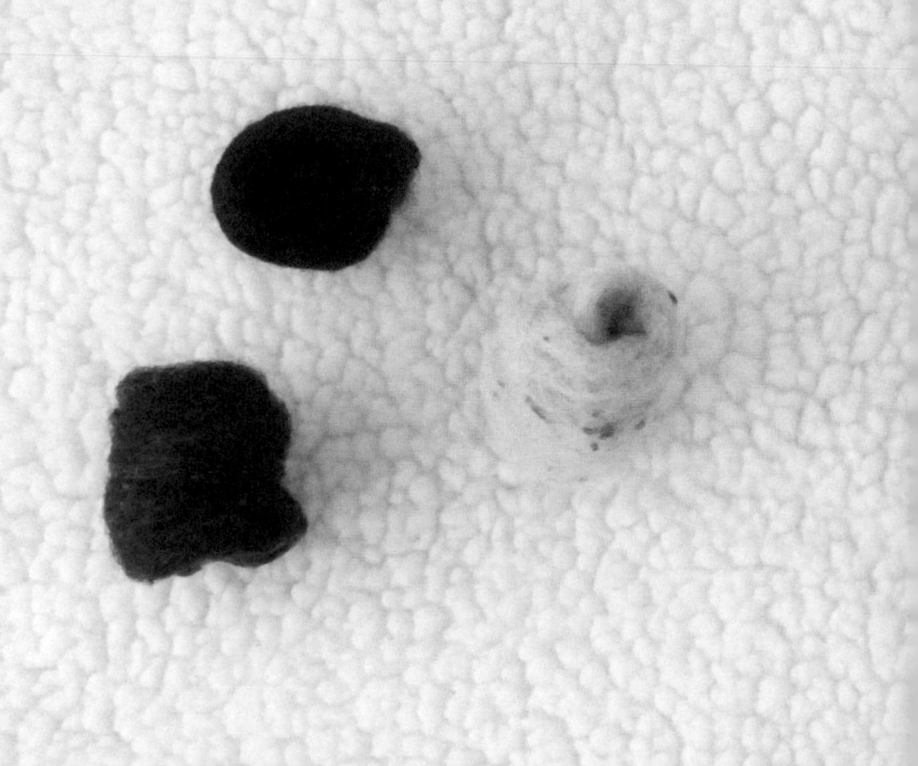

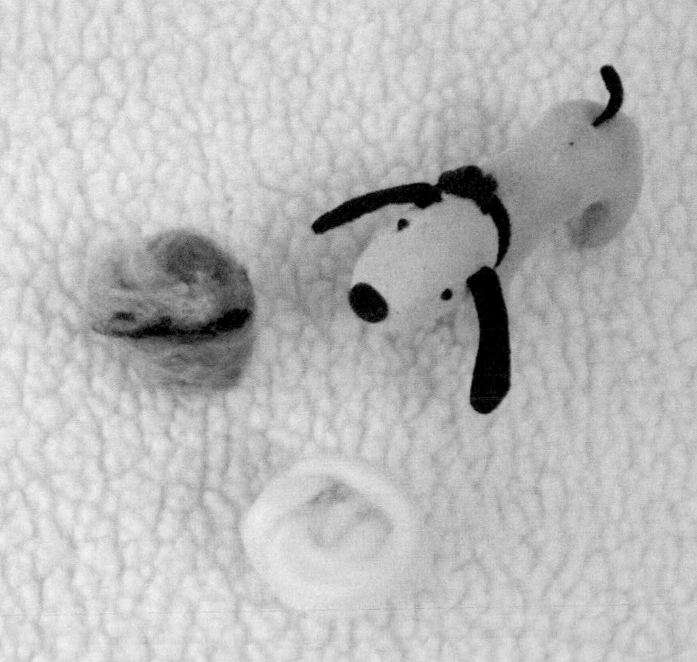

羊毛氈的技法介紹

針氈合：乾的作法，利用特殊的戳針塑形完成，主要是小物、飾品、玩偶。
製作很簡單，需要有一個泡綿工作墊和羊毛氈的戳針，戳的時候要直出直入，不要直的戳進去，斜的拔出來，針會容易斷掉。

溼氈合：藉由溫水加壓、搓揉等…過程，毛毛就會糾結在一起，而形成氈化。多半用來製作袋物、帽子、鞋子等大件的作品。
工具方面，需要肥皂水、網布、泡綿紙（做版型用的）。製作時就是將羊毛條不斷搓揉或加壓，讓細小的纖維糾結，變成想要的形狀。畫版型要算好比例大小，不然容易失敗。切記！洗的時候要讓表面氈化，不能把表面的毛拉起來。

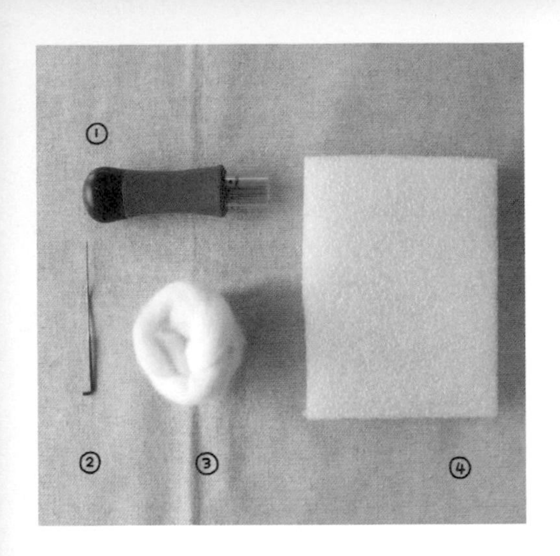

羊毛氈的基本做法

材料

1 羊毛筆（或使用橡皮筋綑綁約3~5支羊毛針）

2 羊毛針

3 羊毛條

4 泡綿墊

填圖

A 取一塊布，底層墊上泡綿墊，然後取一小撮羊毛。

B 用羊毛針直戳入布裡，使其與布緊密粘合。

C 背面都是毛的圖形就完成囉！

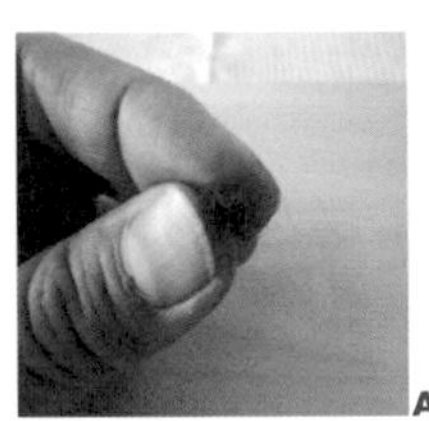
A

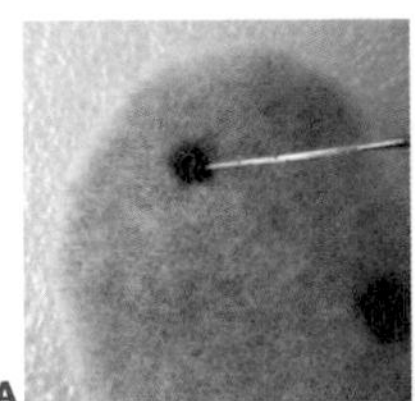
B

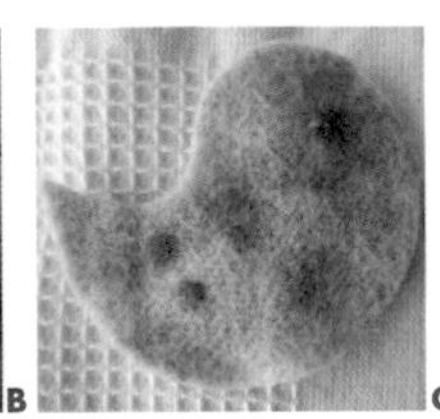
C

毛球

D 取一圓球的羊毛，用手繞捏成一團。

E 底層墊上泡綿墊，用羊毛針直戳入羊毛裡，使其蓬圓定型。

F 再慢慢用羊毛針戳到成為圓球狀，並且有點硬度。

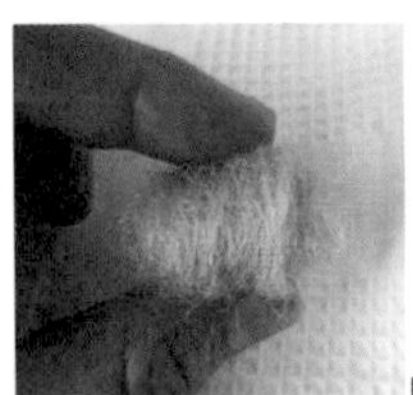
D

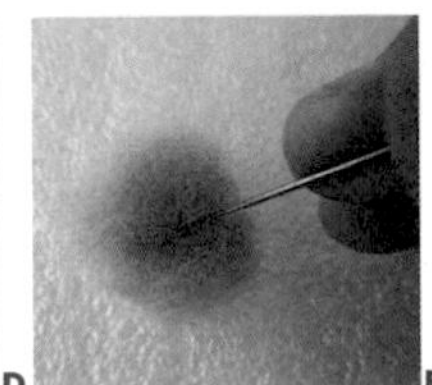
E

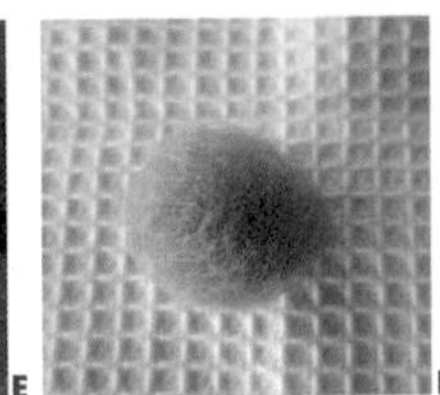
F

• • • • • • • • • • •

哪裡有材料？

在台北永樂市場附近，
小熊媽媽手工藝品店販售的羊毛條，
大多是多色彩的組合包，
也可以在露天或奇摩拍賣網站的羊毛氈專賣店鋪，
買到美麗的羊毛條及製作的工具。

X

不織布的收納操。

‧‧‧‧‧‧‧‧‧‧‧

來！通通排排站！

站好喔…

1- 2- 3- 4- 5- 6-

多整齊的收納操啊！

本來，我的不織布都是隨意摺一摺，

就塞在小箱子裡，

非常不好找，也很凌亂，

後來想出了一個幫不織布們做小體操的收納術，

只要一條小布圈套，

就可以完美的演出收納操了！

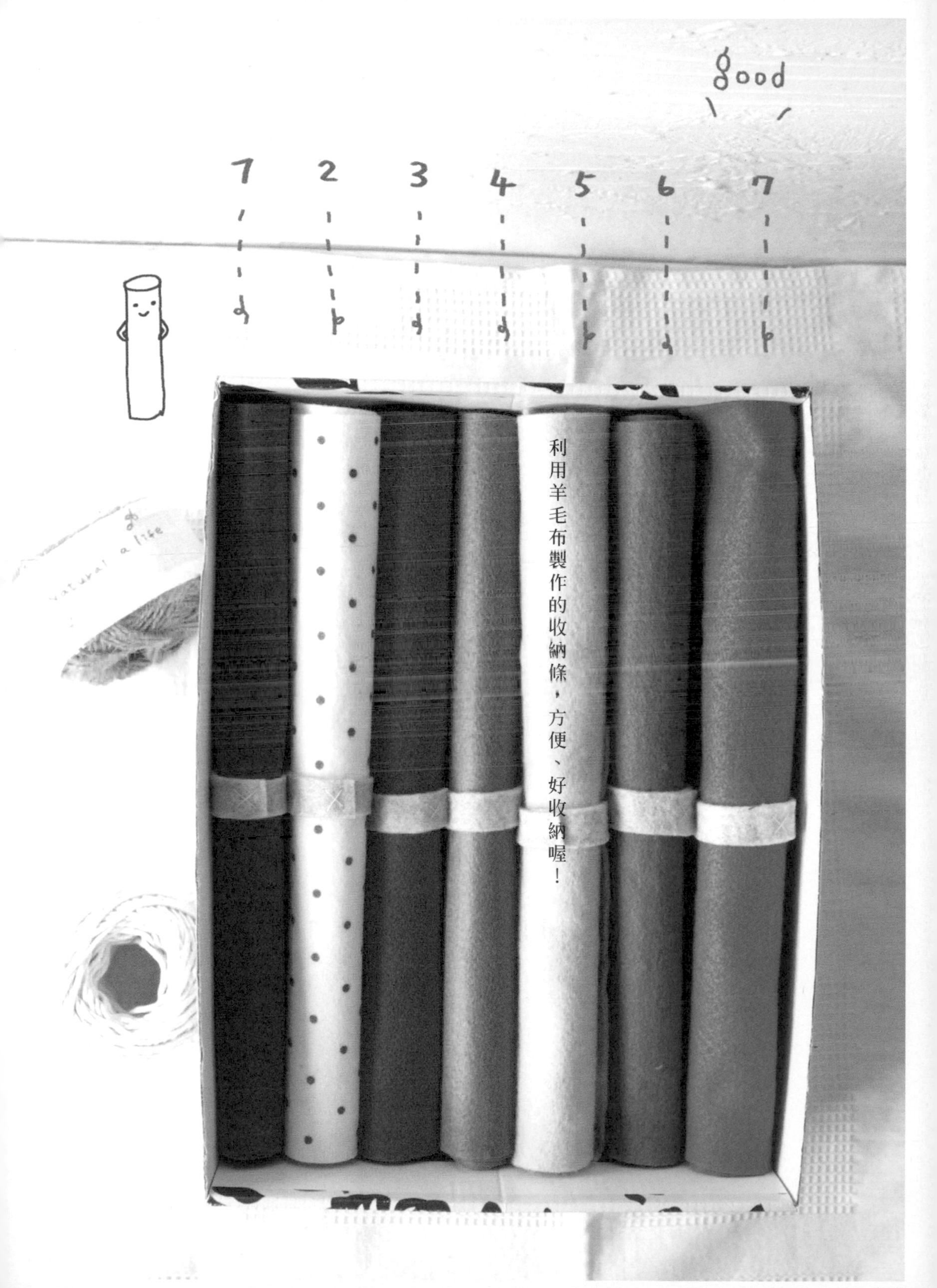

利用羊毛布製作的收納條，方便、好收納喔！

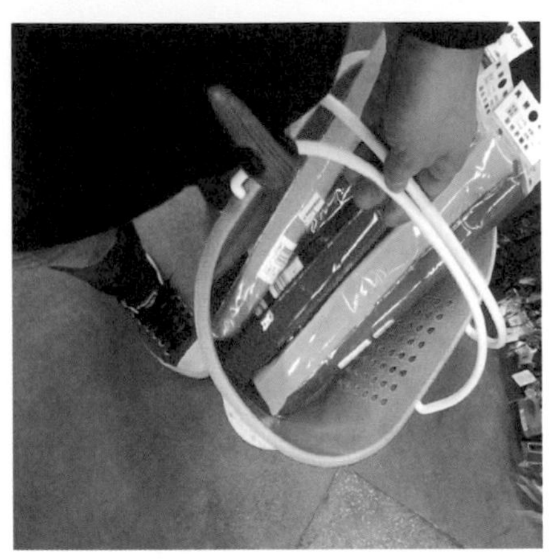

我正在書店選購不織布，書店的不織布有包裝，價格會稍貴些，選購時方便，不需大老遠跑去台北永樂市場。

台北永樂販售的不織布比較便宜，一捲10元喔。

什麼是不織布？

所謂的不織布（non woven material），顧名思義，它的纖維並不是以傳統經緯方式交織而成，而是讓纖維於同一平面上由四面八方各角度射出交叉而成。相較於傳統的織布，不織布具有更好的材料物性；同時在生產過程，可由原料抽纖到成品一氣呵成，生產成本更為低廉。

在使用不織布時，不會因為與物件摩擦而產生棉絮，因此經常用來擦拭珠寶和貴重的物品，避免破壞擦拭的物件。

收納布條

3

材料

羊毛布或硬質不織布1條，12.5 X 1cm

手縫線

手縫針

小剪刀

做法

1 剪一條長12.5cm、寬1.5cm的羊毛布或不織布，
布條重疊兩端，重疊1cm。

2 在重疊後的布條上，縫上X字。

3 完成的布條圈套，套入捲好的不織布。

1

2

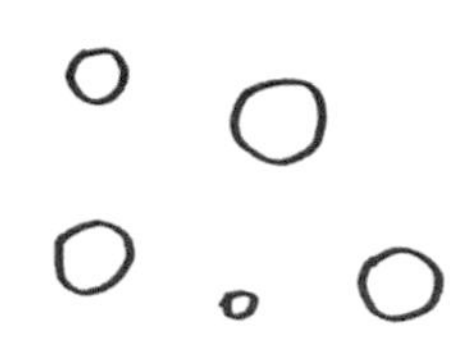

X

布毛氈的新玩法。

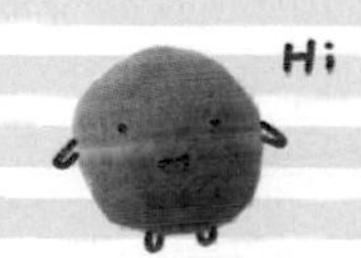

新朋友，暖暖綿綿的布毛氈，
做出來的毛球，類似棉花糖般的輕盈可愛喔！

就是利用軟質不織布以及去角質棒刮出毛後，
戳在不織布上裝飾的毛氈，
毛質很類似棉花，跟羊毛氈的質感不太一樣，
價格上便宜，又很好用喔！

收納的方式可以放在瓶子內。

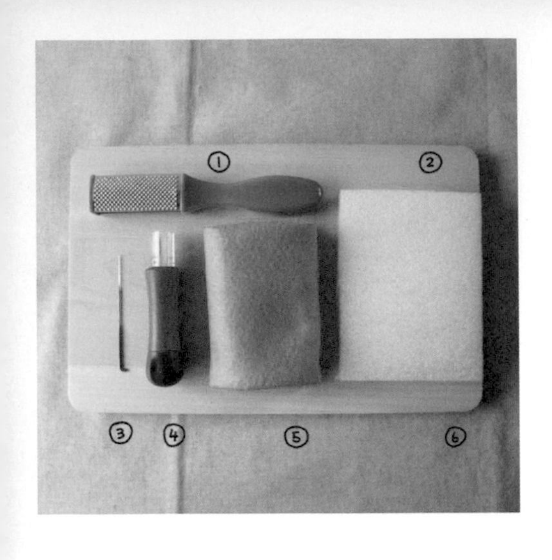

如何製作布毛氈？

材料

1 去角質棒（一般拿來使用在腳底、手肘的去角質保養使用）
2 切割用的工作墊（膠底或小木砧板皆可）
3 羊毛針
4 羊毛筆（或使用橡皮筋綑綁約3~5支羊毛針）
5 軟質不織布
6 泡綿墊

取毛

A 剪一塊跟去角質棒同寬度的軟質不織布，底層墊上一塊工作墊，擺平，由下而上的使用去角質棒輕輕的刷出毛氈。
B 取下毛氈，收納在塑膠袋內或瓶罐內。

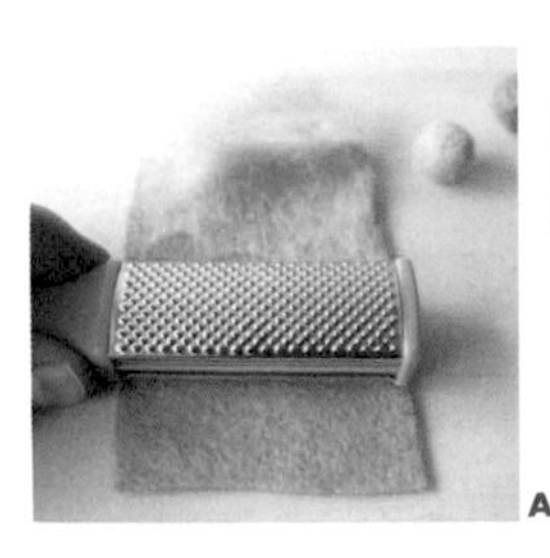
A

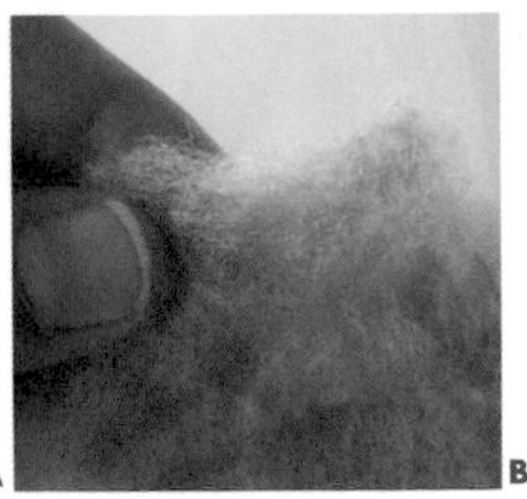
B

填圖

C 將要製作的布，置於羊毛氈專用的泡綿墊上，
取一些布毛氈，以羊毛針戳入布裡。

D 背面都是毛，就完成了。

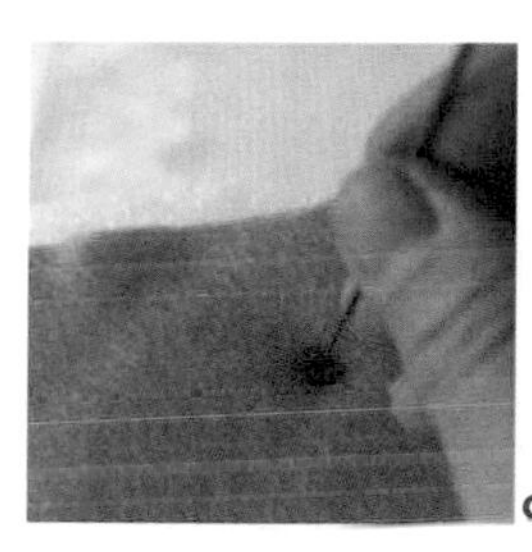
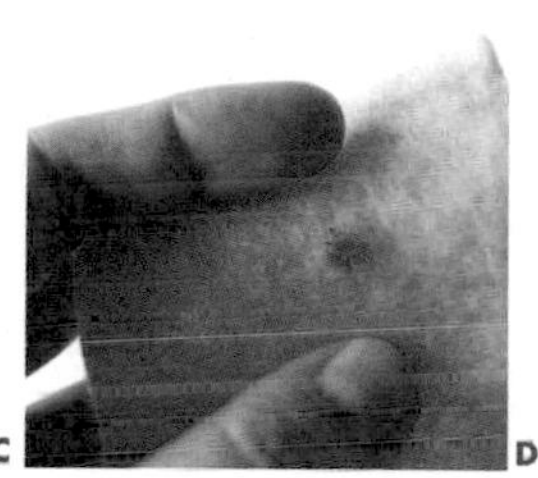

小小提示：

製造布毛氈時，會有些小塊不織布無法刮出毛，因為太小了不好使力，可以在製作毛球時，用毛氈包覆在裡面後再戳，使其定型。

毛球

E 取一糰布毛氈，在它的中心可包覆無法刮出毛的小塊不織布。

F 墊上泡綿墊，，以羊毛針戳入，使其定型。
這當中再取一些布毛氈覆蓋，用羊毛針戳入，使其形狀更飽滿圓潤。

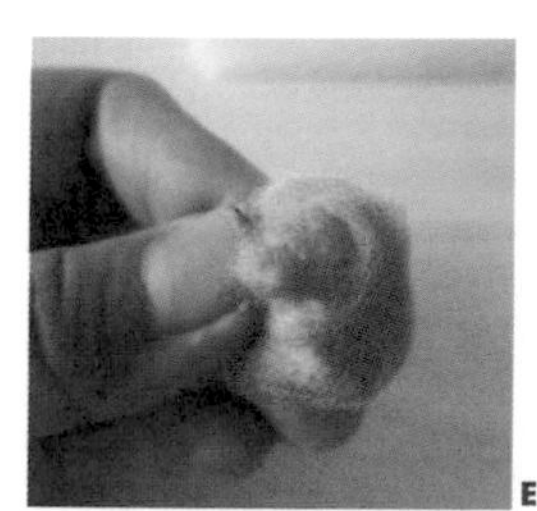
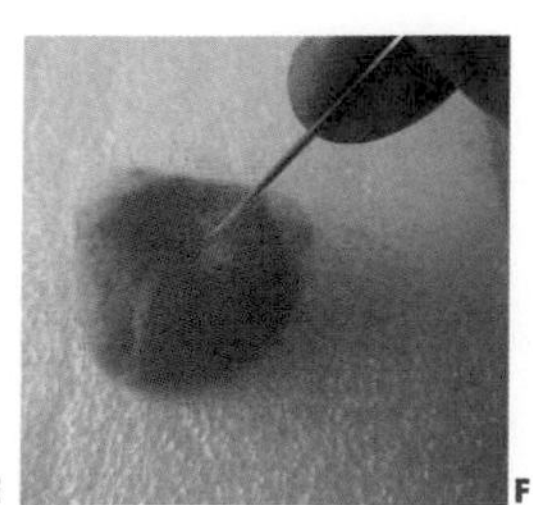

x

貓貓&貓毛氈。

這三隻可愛的小貓貓（麻吉，小花，小皮）
是朋友家養的可愛小貓，
謝謝她們提供了貓貓的毛給我。

若家中有養小寵物的主人們，
在貓咪換毛時，要開始收集小寵物們的毛喔，
建議收集較軟的毛，
梳下來的毛收納在玻璃瓶罐裡
想玩手作時，就可以從瓶罐中取出。

這樣，收納時很方便，
也可以裝飾一下瓶子喲。
另外，若家中有狗狗、兔子，
牠們的毛是比較柔軟的，也可收集喔！！

mew

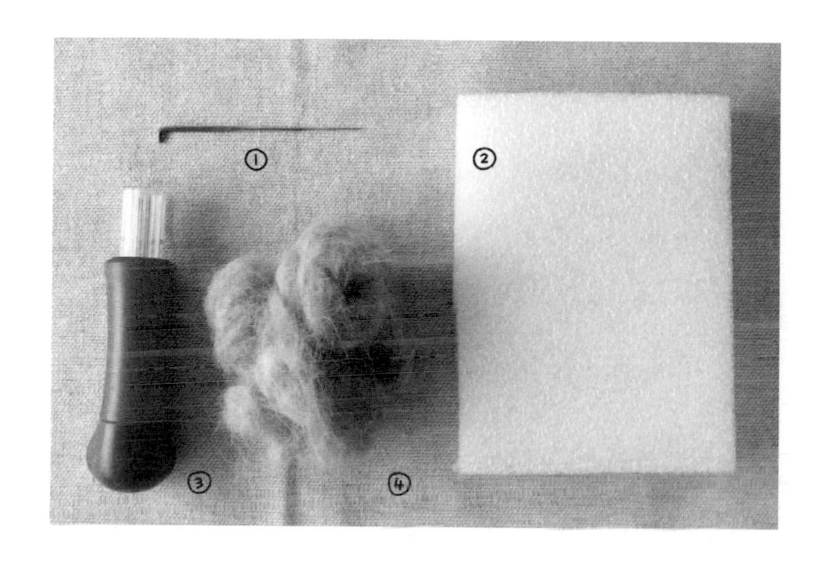

貓毛氈

材料

1 羊毛針（羊毛氈用的針）
2 泡綿墊（羊毛氈用的墊子））
3 羊毛筆（或使用橡皮筋綑綁約3~5支羊毛針）
4 貓毛

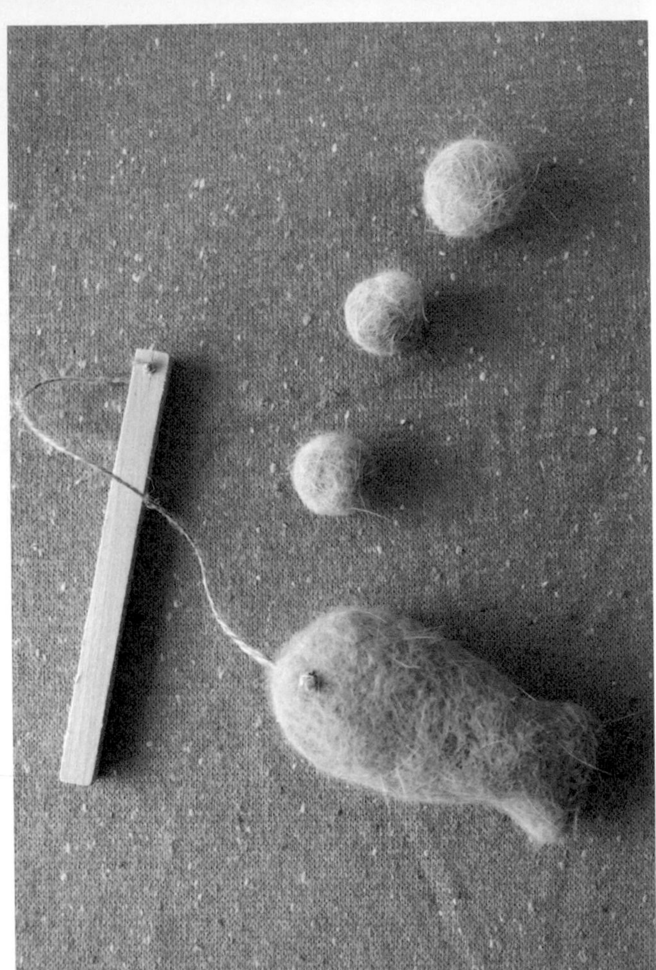

麻吉逗貓棒

材料

不織布2片，用於魚身
麻繩1條，21cm
木條1根12 x 0.8cm （文具店可買到）
貓毛適量
棉花適量
羊毛針
羊毛筆
泡綿墊
手縫線
粗的手縫針
小剪刀

麻吉（girl）
2002年12月
射手女

做法

1 魚身兩片相對，以平針縫縫組，留0.5cm的縫份及尾巴的返口，魚身的周圍修剪牙口一圈。

2 由返口翻正面後，以隱針縫縫合返口。

3 取貓毛鋪在魚身，以羊毛針先戳入，固定後再使用羊毛筆，戳至整條魚身均勻。

4 木條鑽一個洞。（沒電動鑽子的話，可使用小顆螺絲先鎖入後再旋出。）

5 從魚的眼睛處穿過線，打上一個死結，就變成眼睛。

6 麻繩在穿過木條後，打死結就完成囉。

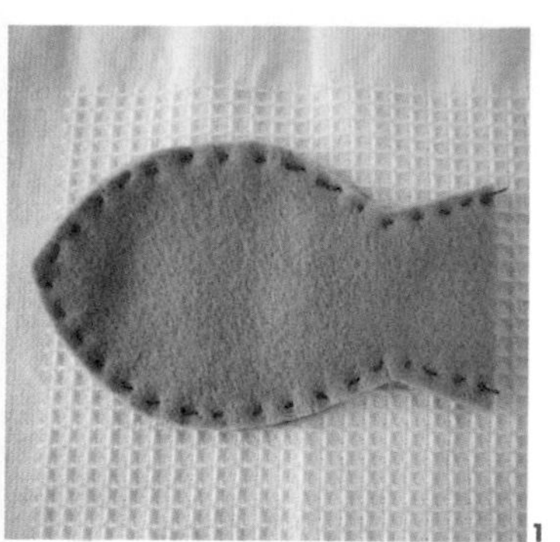
1

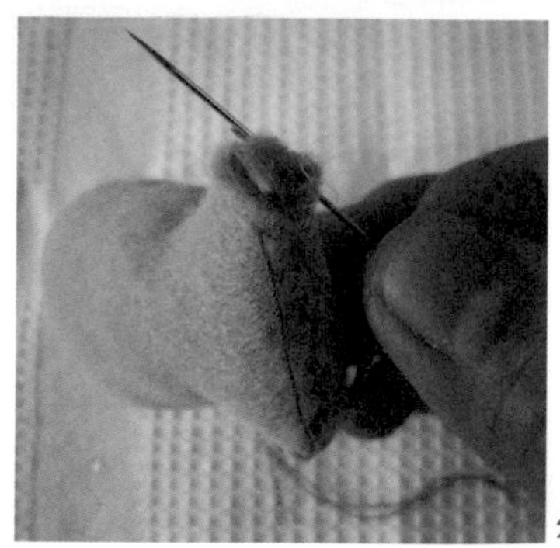
2

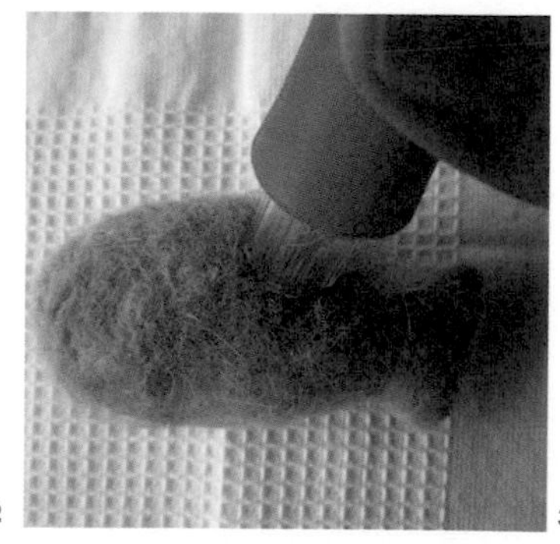
3

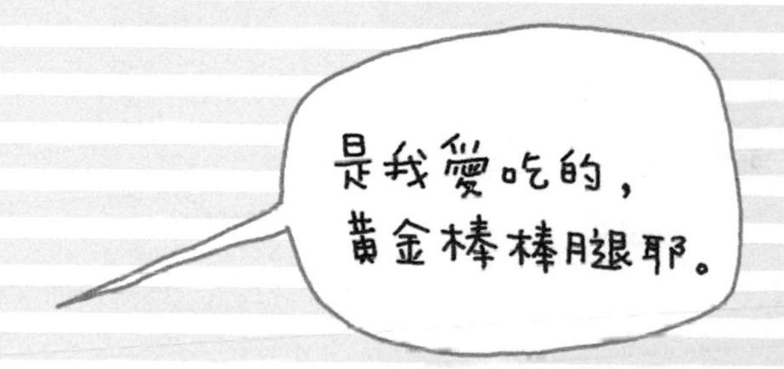
是我愛吃的，
黃金棒棒腿耶。

小皮女朋友抱枕

材料

羊毛布1片，用於貓身前片
棉布1片，用於貓身後片
羊毛布1片，用於貓尾巴前片
棉布1片，用於貓尾巴後片
木釦子3顆
貓毛適量
棉花適量
羊毛筆
泡綿墊
手縫線
手縫針
小剪刀

小皮（boy）
2010年12月31日
魔羯男

做法

1 貓身前片及貓尾巴前片用羊毛筆戳入貓毛。

2 在貓臉部位縫上木釦子及嘴巴（參考168頁回針縫法）。

3 尾巴正面相對反面車縫，留0.5cm的縫份及返口，由返口翻正面後，塞入適量的棉花。

4 貓身兩片正面相對，夾入做好的尾巴（放置右下方的位置），然後對齊一起在反面車縫一圈，留0.5cm的縫份及8cm的返口。

5 由返口翻正面，塞入適量的棉花，再以隱針縫縫合返口。（參考169頁隱針縫法）

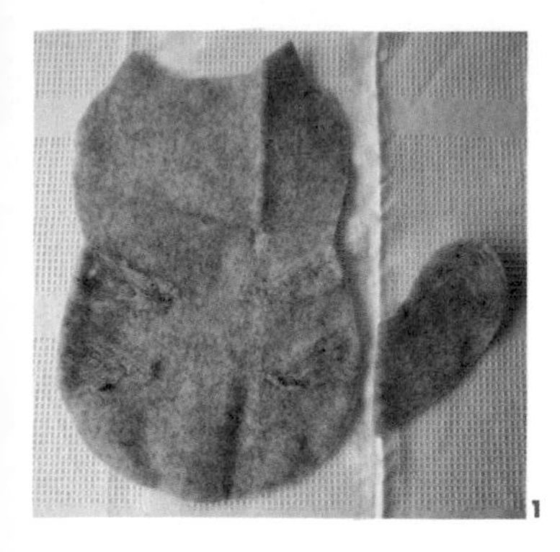
1

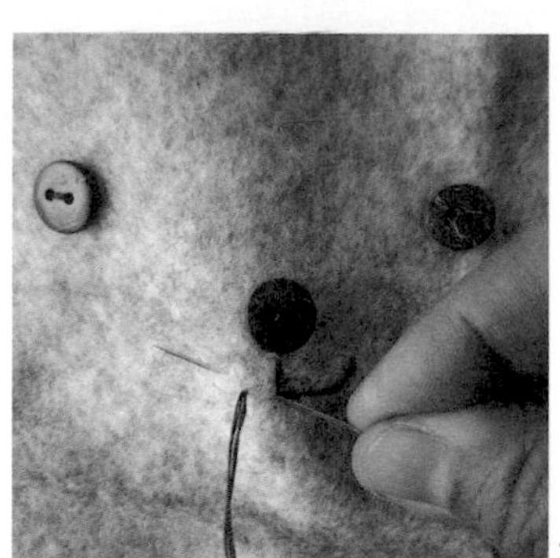
2

4

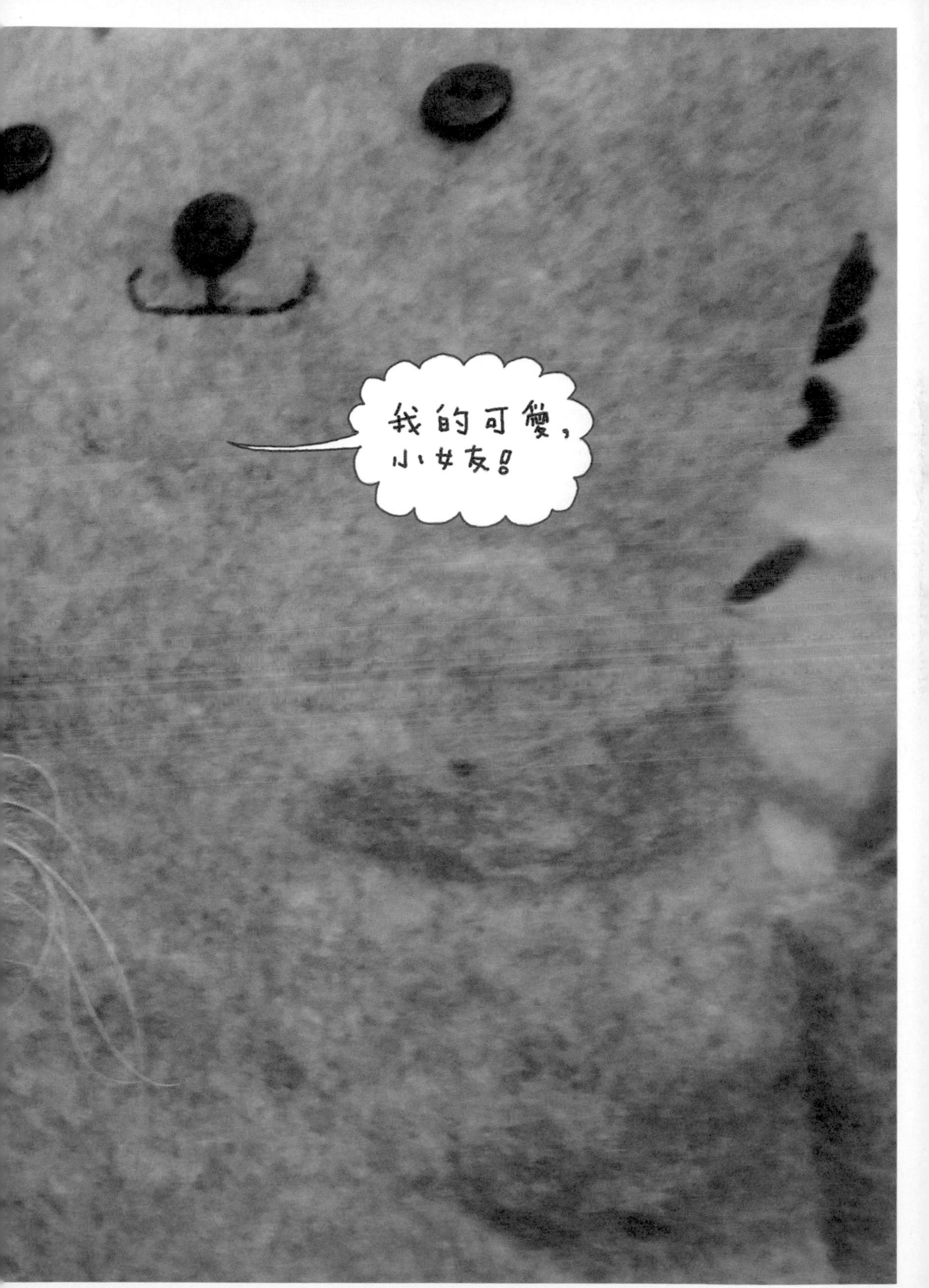
我的可愛，
小女友!

小花公主帽

材料

硬質不織布1片，用於帽身前片

硬質不織布1片，用於帽身後片

貓毛適量

大珠子3顆

小珠子6顆

手縫線

手縫針

小剪刀

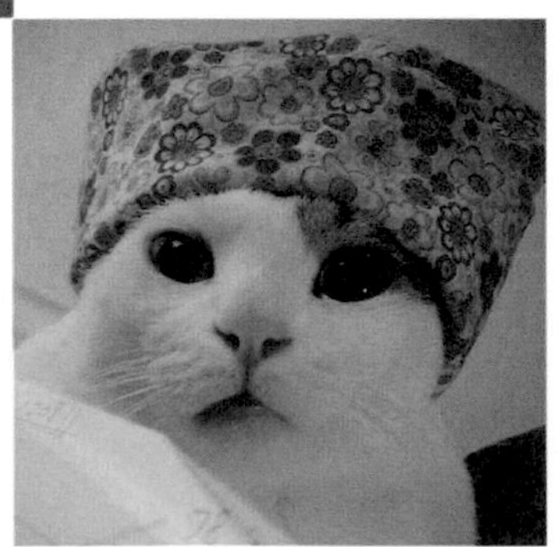

做法

1 在帽身前片以羊毛針戳入貓毛，並縫上小珠子裝飾。

2 帽身前、後片以反面相對，以平針縫縫合周圍一圈後，兩端重疊1cm，以平針縫縫合。(參考168頁平針縫法)

3 帽子的三角端處，縫上大顆珠子裝飾。

1

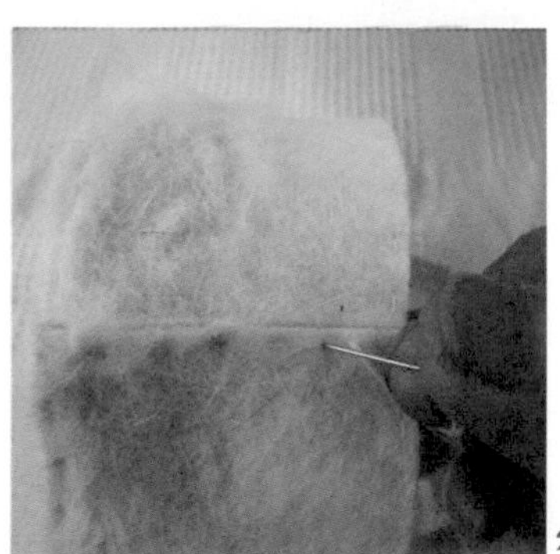
2

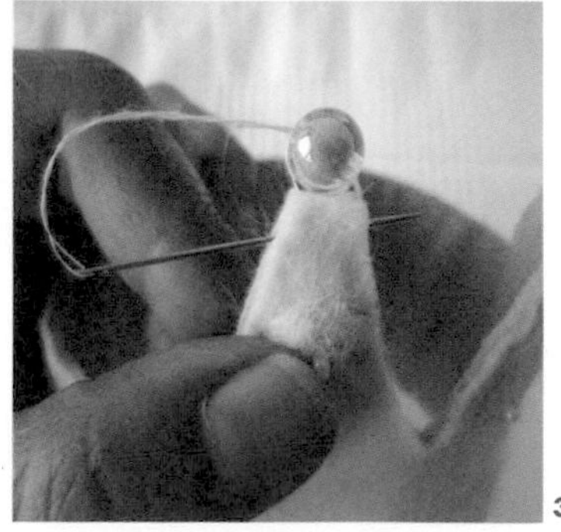
3

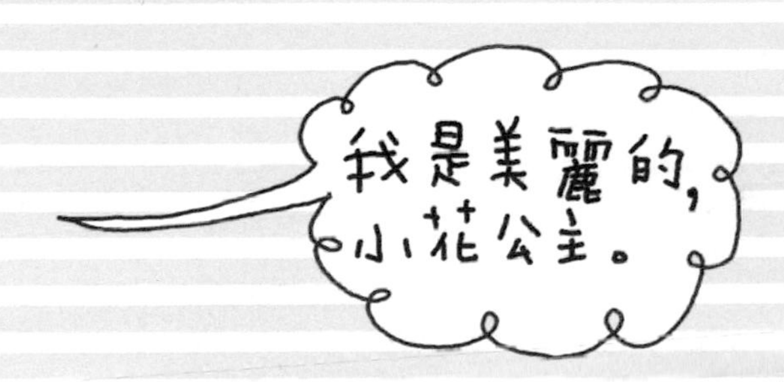
我是美麗的，
小花公主。

My Home寵物物語。

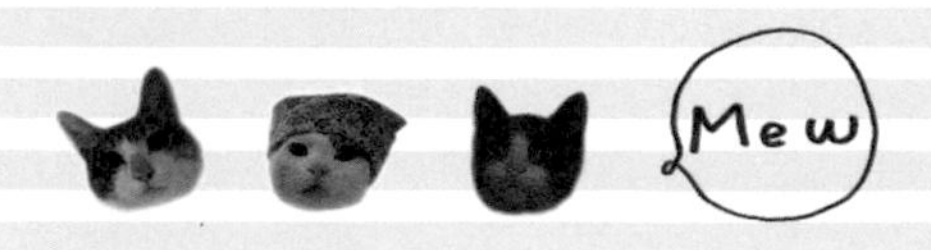

小時候住的是有庭院的房子，

所以養了很多小寵物，

也養過可愛的小貓，

當時還沒有貓毛氈的手作，

如果事先知道，

一定會好好收集小貓、小狗、小兔兒們的毛，

可以幫小寵物們製作有趣的雜貨呢！

麻吉

喜歡粘人。

薑末

喜歡打滾&吃魚。

蔥花

優雅好脾氣。喜歡發呆。

臭臉加菲

喜歡吃貓豆&服侍麻吉。

黑米

喜歡打呼嚕&撒嬌。

小綠鳥兒

愛唱歌。

兩撇

天蠍座，善良溫順。

芥末

活潑好動，
老是搗蛋闖禍。

Lulu

射手男，
最愛和馬麻去逛街散步。

Maru

撒驕、要人幫他拍屁
欺負段小咪。

**在此感謝小可愛寵物的主人們分享的逗趣圖片，
增添了生活的美好與可愛⋯**

x

Bobi

愛撒嬌。

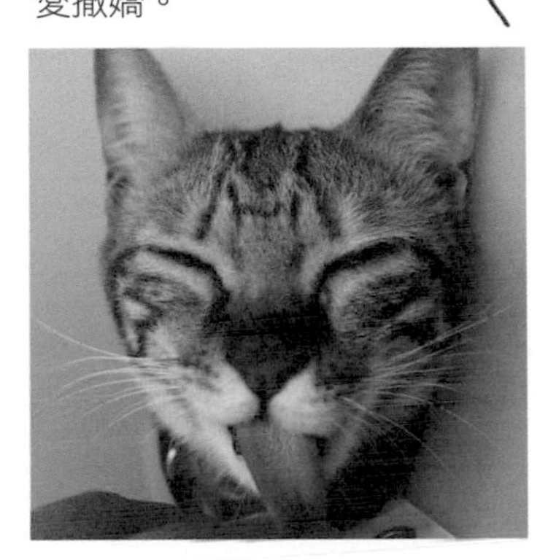

x

小橘

喜歡在窗前吹涼風（不管夏秋冬）。

x

Momo

愛邊吃飯邊跳舞。

x

左Berry

（Snow Berry**雪莓**），

右Fluffy。

最愛乾媽送的羊毛氈雞腿，天天搶，有機又健康的玩具。

COATS
50

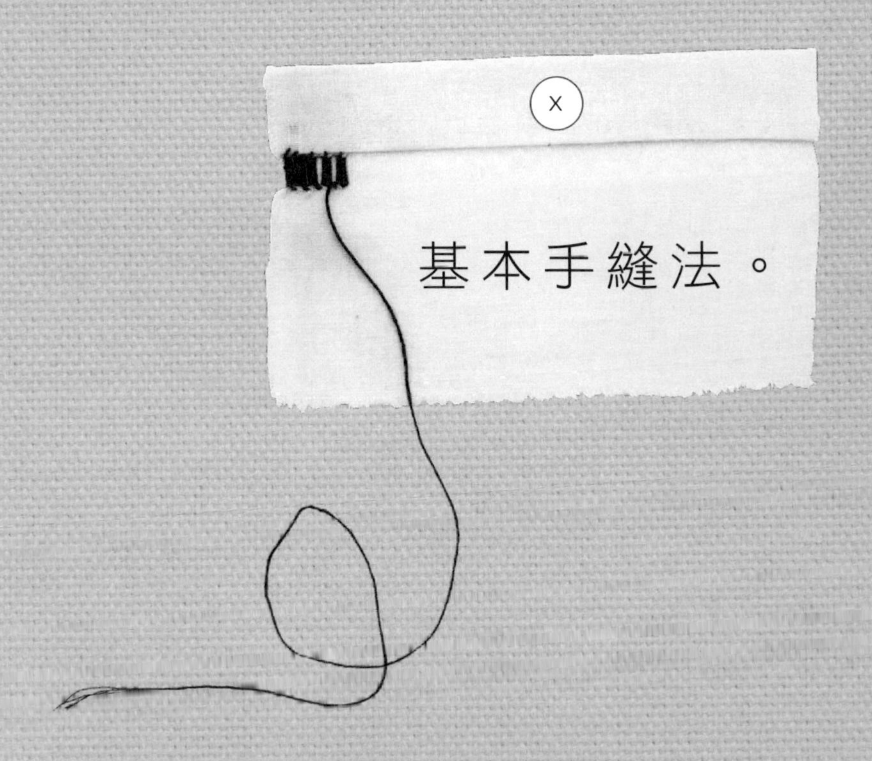
X
基本手縫法。

ⓧ 平針縫

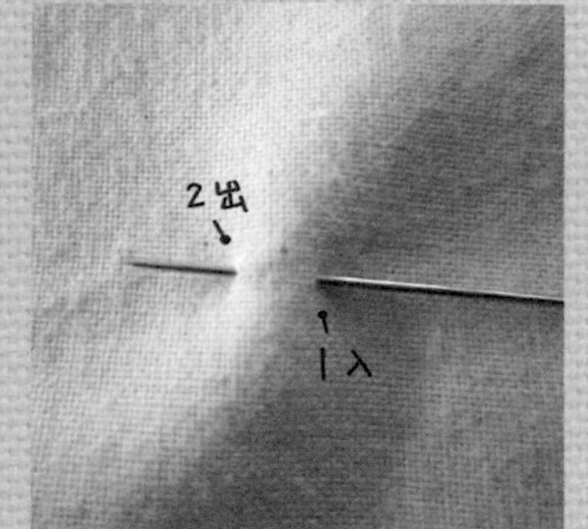

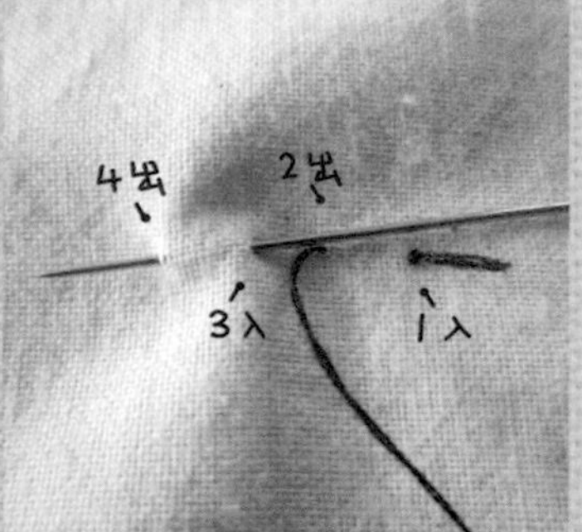

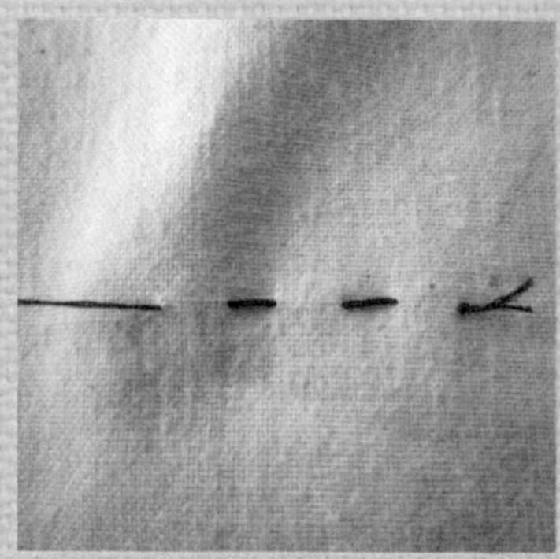

ⓧ 回針縫

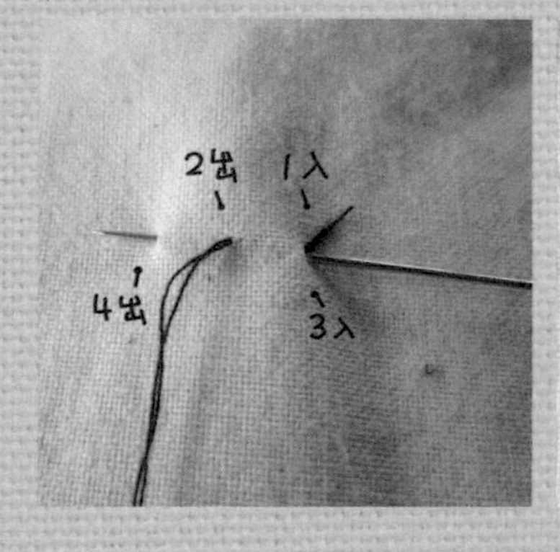

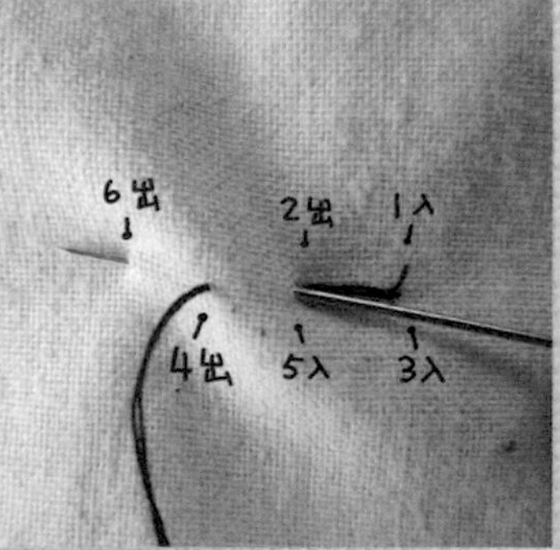

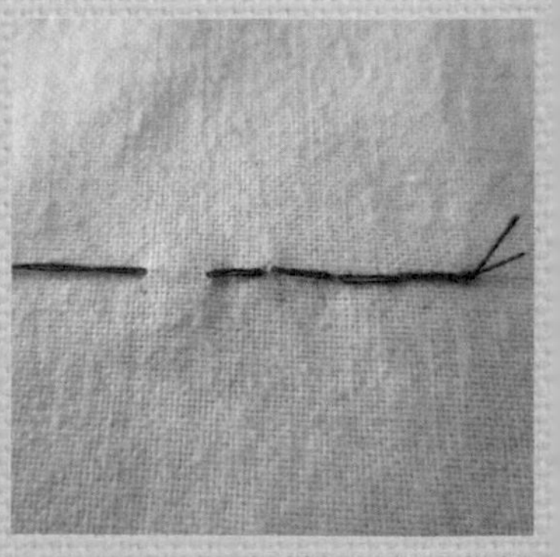

隱針縫

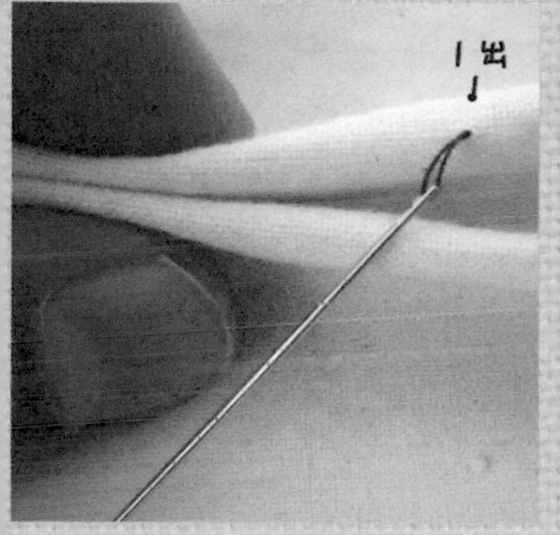

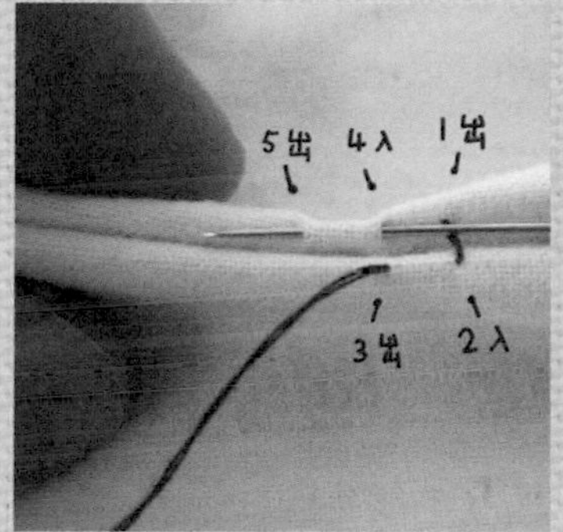

捲針縫

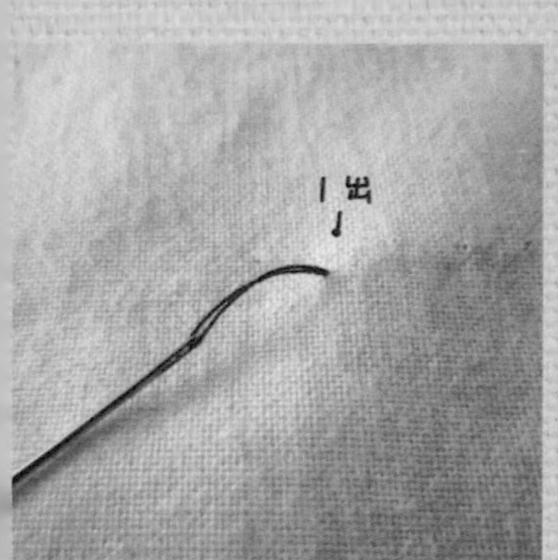

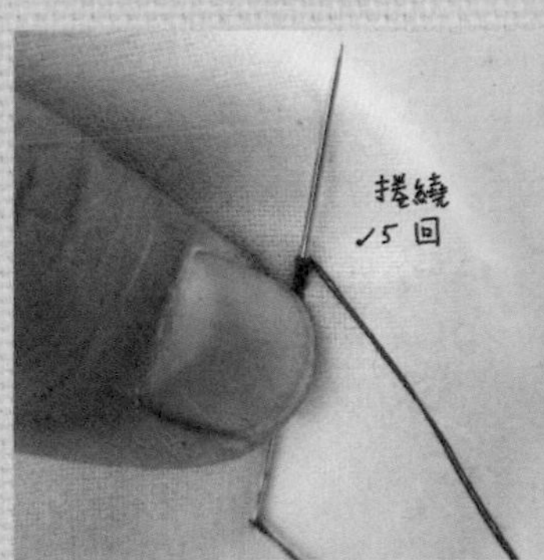

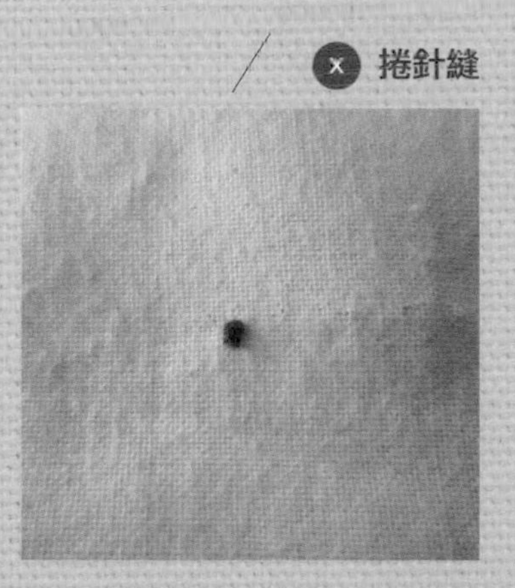

雪花在
天空

暖暖後記

黃昏，很悠閒的散步，真好！
看著天空的雪花一直飛舞著…好漂亮！

那是住家旁的綠色河廊，
因為有活動，所以布置得好聖誕節喔。
台灣因為地理位置及氣候的關係，
除了高山偶爾會下雪，
平地是沒下過雪的。

看到這景象…
心裡好希望有場白白的雪下下來呢！
雖然冬季冷颼颼的，
我想，也只有在這個季節，
能這般溫暖的擁抱（穿著）他吧！

OPEN!

親愛的麻球ㄚ一ˊ

這個小桃子嚓筆送給妳
希望麻球ㄚ一ˊ能和小桃
一樣桃花滿滿．人氣旺旺
大家都喜愛ㄚ一ˊ的作品
麻球ㄚ一ˊ加油．

good 你最棒 good

愛妳的草莓麻
小草莓、小蘋果

溫暖，
就從自己的生活開始吧！

今年收到還沒上幼稚園的小女孩
寄來的溫暖信函。

雖然是由媽媽代筆的，
純真的文字內容
還是帶給我暖暖的窩心感受…

你呢？
遇上了哪些溫暖的人？
溫暖的事物呢？

如果可以，
就從自己的生活開始吧！

羊毛氈與不織布的療癒小物

作　　者 麻球（Q, ball）
編　　輯 錢嘉琪
美術設計 吳慧雯
封面設計 侯心苹

發 行 人 程顯灝
總 編 輯 呂增娣
主　　編 李瓊絲
編　　輯 鄭婷尹、邱昌昊
　　　　 黃馨慧、余雅婷
美術主編 吳怡嫻
資深美編 劉錦堂
美　　編 侯心苹
行銷總監 呂增慧
行銷企劃 謝儀方、李承恩、程佳英

發 行 部 侯莉莉
財 務 部 許麗娟、陳美齡
印　　務 許丁財
出 版 者 四塊玉文創有限公司

總 代 理 三友圖書有限公司
地　　址 106台北市安和路2段213號4樓
電　　話 (02) 2377-4155
傳　　真 (02) 2377-4355
E － mail service@sanyau.com.tw
郵政劃撥 05844889 三友圖書有限公司

總 經 銷 大和書報圖書股份有限公司
地　　址 新北市新莊區五工五路2號
電　　話 (02) 8990-2588
傳　　真 (02) 2299-7900

製　　版 興旺彩色印刷製版有限公司
印　　刷 鴻海科技印刷股份有限公司

初　　版 2016年8月
定　　價 新台幣 300 元
ＩＳＢＮ 978-986-5661-79-3（平裝）

國家圖書館出版品預行編目(CIP)資料

羊毛氈與不織布的療癒小物 / 麻球作 . -- 初版 . -- 臺北市 : 四塊玉文創 , 2016.08
　面；　公分
ISBN 978-986-5661-79-3(平裝)

1. 手工藝 2. 食譜

426　　105012698